Claire PANIER-ALIX

DRAGONS !

Petite introduction à la draconologie

Note de l'auteur : cet ouvrage est une réédition revue et augmentée de l'essai « Dragons » paru en 2018 aux éditions Ikor, coll. C'est si simple. Il sera périodiquement remis à jour dans sa version numérique kindle.
Une version en couleur est également disponible.

© 2019 Claire **PANIER-ALIX**
Code ISBN : 9781794584525
Marque éditoriale : Independently published

CLAIRE PANIER-ALIX

DU MEME AUTEUR :

(bibliographie non exhaustive)

LA CHRONIQUE INSULAIRE
(éd. Nestiveqnen, rééditée par l'auteur)

- *Les Grands Ailés*

(anciennement « L'Echiquier d'Einär »)

- *La Clef des Mondes*

- *Le Roi Repenti*

PREQUELLE DE LA CHRONIQUE
INSULAIRE

Sang d'Irah (éd. Nestiveqnen puis éditions
Du Pré aux Clercs)

Les Songes de Tulà, éd. Mango, coll. Les
Royaumes Perdus (2008)

CLAIRE PANIER-ALIX

SOMMAIRE

PROLOGUE

« *Le temps a considérablement émoussé le prestige des dragons [...]. Il entache de puérilité les histoires où il figure. (...) [n]'oublions pas cependant qu'il s'agit là d'un préjugé moderne découlant sans doute de l'abondance excessive des Dragons dans les contes de fées* »

Jorge Louis Borges, *Le Livre des êtres imaginaires*

L'étude des dragons est un sujet vaste, nous avons donc choisi d'aborder uniquement les éléments essentiels à la compréhension du sujet : du mythe à la zoologie, de la légende à la draconologie.

Depuis que l'homme est homme, tout a été dit, fantasmé, peint, écrit, et rêvé sur le dragon, figure universelle entre toutes. Elle reste néanmoins insaisissable, source de toutes les questions, de toutes les craintes et aussi de toutes les inventions. Au final, on ne sait rien des dragons, c'est bien pour cela qu'on en parle autant, et qu'on le trouve dans tous les mythes fondateurs du monde. Tel le serpent, il glisse et se faufile dans notre inconscient collectif, porteur de bien des questions, de bien des symboles. Je l'ai laissé m'habiter pendant des années pour faire de lui le réceptacle de mon imaginaire. Une aventure de dix ans. Pourtant, si j'ai cru en avoir fini avec lui, il m'a rattrapée loin de mes fantasy nordiques, lors de mon voyage au Mexique au cœur des cités mayas.

Retracer son histoire, ses origines, son image me semble impossible si je ne veux rien omettre. Je propose donc ici une simple balade initiatique aux lecteurs férus de légendes et de fantasy. Une promenade au pays des dragons, juste pour essayer d'appréhender le personnage en donnant quelques pistes de recherches aux plus aventureux : mythes, contes, traditions orales, merveilleux moderne, pharmacopée, symbolique, ésotérisme, alchimie, cryptoozoologie, court panorama de cette quête intérieure qu'est la draconologie.

Claire PANIER-ALIX

A QUOI RESSEMBLES-TU, DRACO ?

« Si tu veux donner apparence naturelle à une bête imaginaire, supposons un dragon, prends la tête du mâtin ou du braque, les yeux du chat, les oreilles du hérisson, le museau du lièvre, le sourcil du lion, les temps d'un vieux coq et le cou de la tortue.»

Léonard de Vinci

Il existe de nombreuses formes de dragons dans l'imaginaire collectif. Il en va de même pour les époques, et les aires culturelles. Comme nous le verrons dans le chapitre consacré à la cryptozoologie, certaines sont manifestement nées de créatures existant dans la réalité et auxquelles certains peuples ont attribué des qualités sacrées et terrifiantes en les faisant entrer dans leur mythologie.

Néanmoins, deux groupes principaux sont établis : le Draco, que nous décrirons schématiquement comme un lézard ailé (Occident), et le Serpent Volant (Orient et Méso-Amérique (Amérique Centrale et Amérique du Sud).

En, Asie les dragons diffèrent sensiblement des représentations communément admises dans notre culture occidentale. Ils sont plus fins et aériens et ne possèdent pas forcément d'ailes. En Chine, au Japon, en Corée et au Viêt Nam, leur apparence et leur symbolique sont très proches.

En Chine, notamment, le dragon (le *Lung*, être sacré entre tous) est la marque du Levant. Il est normalement, soit bleu soit vert. Comme nous le verrons dans le chapitre suivant, il est le Yang, l'énergie masculine et créatrice, et incarne la puissance. Il peut revêtir plusieurs formes : humaine, animale ou les deux.

Créatures aquatiques et célestes, les dragons d'Orient ont la particularité de pouvoir se transformer en source ou en nuage. On en trouve des représentations avec des cornes (ou des bois de cervidés), des ailes écailleuses ou recouvertes de fourrure). Sous cette forme-ci, ils sont munis de griffes puissantes, et ils génèrent à volonté, du feu, de la pluie ou des nuages.

On notera 4 sortes de dragons majeurs :

●Tch'eu-Lung, un dragon sans corne

●Kiao-Lung, possèdant des écailles

●K'ieou-Lung, muni de cornes (ou des bois)

●Ying-Long, un dragon ailé

En Occident, le dragon était un symbole guerrier avant de devenir une créature infernale.

Si on trouve profusion de descriptions et d'images dans les innombrables bestiaires du Moyen-Age et les « doctes ouvrages »[1] de la Renaissance, l'essentiel des récits mentionnant la bête (mythes, légendes, contes populaires) était oral.

Il fallut donc attendre l'arrivée des naturalistes et des illustrateurs de manuscrits pour commencer à avoir une esquisse de ce qui pouvait se cacher sous ce nom effrayant.

Le premier des quatre volumes de zoologie de Konrad Gesner[2] (XVIe siècle), était consacré à l'animal mythique.

---

[1] A partir du XVIè s, les auteurs se sont passionnés pour les sciences naturelles. Après s'être longtemps penchés sur les écrits antiques, ils se tournent désormais vers l'observation directe du monde animal, au gré des voyages de par le monde. Les ouvrages de zoologie se multiplient, issus d'une nouvelle approche de la faune et de la flore : on observe, on collecte, on classifie.

[2] Konrad Gesner (ou Conrad Gessner), *Historia animalium* (Livre des serpents, Conrad Gessner (ou Konrad von Gesner) (1516-1567))

Etudiant les 1150 pages in-folio de la section intitulée « *De Dracone* » ornées de gravures sur bois, Heinrich Dübi établit la nécessité de dissocier le dragon de son « cousin » le Stollenwurm. Ce dernier lui ressemble mais ne vole pas.

Le mot Draco (en latin), devint le drakken ou Lintwurm pour les germaniques. Le Lintwurm serait pour sa part une créature de type ophidien, un reptile sans patte (ou aux pieds atrophiés ne lui permettant pas de marcher). Ce glissement de la terminologie aurait contribué à de nombreuses confusions, car le Draco ou Drakken serait un dragon ailé, muni de membres inférieurs, de toute antiquité. On a donc deux catégories, le dragon ailé (que nous appellerons Draco) et le dragon-serpent, rampant, aussi nommé Ver. Néanmoins, tous ont la réputation de vivre dans des cavernes, le plus souvent à proximité d'un cours d'eau ou d'un lac, voire dans des marécages. Il ne faut pas les confondre avec un autre parent du dragon, le serpent de mer.

Au VIIIe s., les Allemands adoptèrent la terminologie du Drache (grec « drakwn » et latin « draco »), pour désigner une créature colossale, tenant du serpent et du lézard, et munie d'ailes de chauve-souris. Il y avait quelque chose des grands sauriens disparus dans cet animal fabuleux. Quelque chose qui attise toujours le mystère puisque l'homme n'a vraisemblablement pas côtoyé les dinosaures.

Influencée par la démonologie naissante et les mythes antiques, sa forme varie : ainsi, il peut avoir 7, 9 ou 12 têtes, avec des langues effilées dangereuses comme des dards.

Recouvert d'écailles noires/jaunes ou noires/blanches, il est énorme. Celui décrit par Grégoire de Tours aurait eu les dimensions d'une grosse solive, et il aurait fallu un attelage de quatre paires de bœufs pour enlever le cadavre de la bête terrassée et décapitée par Saint-Georges !

A partir de là, on peut trouver d'innombrables sous catégories, toutes nées de l'imagination et des fantasmes des illustrateurs des mythes et légendes. En général, la plus répandue reste celle du « Grand Dragon », ou « Dragon Européen », une créature ailée redoutable qui concentre une puissance musculaire phénoménale dans sa queue dont il use comme d'une arme pendant les batailles.

Sa langue fourchue est dotée de dards empoisonnés, et sa gueule crache du feu. Là où il frappe, l'herbe ne repousse plus, et son haleine toxique pénètre les murailles les plus épaisses. Son sang est également effroyablement toxique pour tout ce qu'il souille.

Nous l'avons dit, bien des récits, contes, légendes évoquent le dragon. Ils nous ont imprégnés de lui, au point que de toutes les créatures fantastiques, il peut se vanter d'être l'une des seules à être universellement connue.

Et à chaque lieu, son folklore, et sa bête monstrueuse. Nous avons par exemple relevé, au fil des bestiaires et des illustrations d'époque, de multiples représentations : un dragon ressemblant à une panthère dotée de mâchoires de fer et d'une queue énorme[3], un autre, crocodilien[4], des sauriens au ventre enflé, exsudant du poison (XVIe s.) ou muni d'ailes membraneuses et d'une tête de squelette[5]... On comprend alors la portée de la citation de Léonard de Vinci :

« *Si tu veux donner apparence naturelle à une bête imaginaire, supposons un dragon, prends la tête du mâtin ou du braque, les yeux du chat, les oreilles du hérisson, le museau du lièvre, le sourcil du lion, les temps d'un vieux coq et le cou de la tortue* »

---

[3] Tableau dit de « Maître Souabe » représentant St George terrassant le dragon, exposé à Bâle

[4] Friedrich Herlin, un tableau exposé à Nordlingen représentant St George terrassant le dragon, 1460 environ.

[5] Peinture d'Albert Dürer ornant l'autel de Paumgarten

Il ne s'agissait pas tant de ridiculiser le monstre, que de le rendre atrocement effrayante du fait même qu'on ne pouvait le saisir, le représenter, l'identifier, le cataloguer. Le dragon est une bête, mais pas un animal. C'est une *créature* qui voudrait échapper à la Création, en quelque sorte. Nous en parlerons plus tard de façon plus détaillée, mais cet aspect du cas « Dragon » est de toute importance si on veut essayer de le comprendre.

De nos jours, entre romans à succès, séries TV, jeux vidéos, dessins animés, figurines ou peluches, son image semble ramenée à un minima palpable, contrôlable.

On l'a domestiqué, notre Draco, mis en boîte. Tout le monde peut avoir le sien, et diffuser son petit guide d'utilisation sur le net. Pourtant, les questions apportées par les outils actuels, si elles sont visuellement accessibles et prétendent vulgariser cette figure, ne sont en définitives que la source de plus amples mystères.

On peut décider au XXIe siècle qu'on sait ce qu'est le dragon, à quoi il ressemble, ce qu'il signifie, son rôle. Mais ce n'est qu'un cliché figé. Il suffit pour cela de se retourner pour affronter la nuit des temps, les mythes fondateurs, et l'image volontairement cryptée des illustrations parvenues jusqu'à nous. Léonard de Vinci et Jorge Luis Borges ont raison.

« *On emmène un enfant pour la première fois au jardin zoologique. Cet enfant pourrait être n'importe lequel d'entre nous, ou, inversement, nous avons été cet enfant et nous ne nous en souvenons pas. Dans ce jardin, dans ce terrible jardin, l'enfant voit des animaux vivants qu'il n'a jamais vus (...). Passons, maintenant, du jardin zoologique de la réalité au jardin zoologique des mythologies, dont la faune n'est pas de lions mais de sphinx et de griffons et de centaures*[6]. »

---

[6] Jorge Luis Borges, *Le Livre des êtres imaginaires*, Collection L'Imaginaire (n° 188), Gallimard

Nous visiterons certains des récits les plus importants se référant aux écailleux plus tard, mais il est intéressant d'évoquer ici les dragons fondateurs. Car ils posent les bases du mythe, son image, mais aussi celles de la création de notre monde. Parfois, il en annonce au contraire le terme.

Tel le mythe du Serpent à Plumes en méso-Amérique, ou celui des scandinaves avec l'*Edda*[7], le dragon est à la fois le début et la fin du monde. Son renouveau, également. Sa mise à mort est primordiale, dans tous les sens du terme. Il est alors souvent représenté comme un cercle, la tête dévorant la queue.

Saluons d'abord le monstre Python, qui causait des dommages épouvantables dans les environs de Delphes, tuant bétail et population. Il était était fils de Gaïa (la Terre).

---

[7] *L'Edda, récits de mythologie nordique*, de Snorri Sturluson, NRF Gallimard

Certaines traditions parlent plutôt d'Hera, lui ayant confié la garde de son autre enfant, Typhon. La filiation de Python avec Gaïa évoque fortement la symbolique chtonienne[8] de ce dragon antique. C'est le propre de la mythologie.

Python était le protecteur de l'Oracle de Delphes. Deux versions sont connues, justifiant sa mise à mort par Apollon, outre les méfaits sur la population évoqués plus haut.

Cette institution prophétique étant consacrée à Thémis, le dieu aurait tué le dragon pour s'approprier le site et la dévotion allant avec. L'Oracle serait devenu la Pythie.

---

[8] Les divinités grecques chthoniennes ou telluriques sont des divinités anciennes ayant contribué à la formation panthéon grec. Leur nom vient du fait qu'elles sont liées à la terre, au monde souterrain ou aux enfers, par opposition aux divinités célestes, dites « ouraniennes » ou « éoliennes. Elles sont, dans tous les cas, parmi les plus anciennes. Or, Gaïa, c'est la Terre, une déesse primordiale assimilée à la « déesse-mère » des autres cultures. Les dieux sont nés d'elle, ainsi que de nombreuses créatures monstrueuses.

Il semble aussi que lorsque Léto était enceinte d'Apollon et de sa jumelle Artémis, Héra, folle de jalousie, ait envoyé Python pour l'assassiner. Ce serait pour se venger qu'Apollon, trois jours après sa naissance, aurait tué le monstre d'une flèche. Quoi qu'il en soit, l'image d'Apollon foudroyant Python annonce celle de Saint-Georges terrassant le dragon.

Notons une caractéristique de ce dragon grec : ses yeux lançaient des flammes, pouvoir commun à d'autres dragons chtoniens[9], capables d'obscurcir la lune ou de provoquer des inondations.

Ainsi, le premier d'entre tous : le Léviathan[10], celui du *Livre de Job*. La forme de Léviathan n'est pas précise. Il est à la fois dragon, serpent, et crocodile.

---

[9] Nous ne nous étendrons pas sur d'autres dragons d'origine chtonienne, comme Kaliya que dut affronter Krishna en Inde (Sister Nivedita & Ananda K.Coomaraswamy: *Myths and Legends of the Hindus and Bhuddhists*, Kolkata, 2001), ou Apophis combattu par Rê en Egypte

Au Moyen-Age, il n'est même qu'une incommensurable mâchoire ouverte attendant la fin des temps pour tout engloutir.

On peut le voir comme l'évocation d'un cataclysme terrifiant capable de modifier la planète et d'en bousculer l'ordre et la géographie, sinon d'anéantir le monde, à l'instar du crocodile du Nil.

Léviathan est l'un des principaux démons dont on parle au Moyen-Age. Chez les Phéniciens, c'était l'horreur du chaos primitif. C'est également un monstre marin évoqué dans la Bible, dans les Psaumes (74:14 et 104 :26), le livre d'Isaïe, 27 : 1 et le livre de Job (3 :8 et 40 : 25 et 41 :1).

On trouve une longue description dans le Livre de Job (XL, 25-32 et XLI, 1-26). Animal monstrueux, doté d'une « double cuirasse » et d'un dos en « rangées de boucliers », certains de ses attributs nous poussent à voir en lui un dragon: en effet, « *son souffle allumerait des charbons* », « *la terreur règne autour de ses dents [...] et devant lui bondit l'épouvante. Quand il se dresse, les flots prennent peur et les vagues de la mer se retirent* ».

Dans le Livre d'Isaïe (XXVII, 1), Léviathan est appelé « *dragon qui habite la mer* ».

Selon le Quatrième Livre d'Esdras et le Deuxième Livre de Baruch, Léviathan (et Béhémoth, peut-être son alter ego masculin, précipité par Dieu dans une région désertique), font partie de l'ensemble des êtres créés par Dieu le cinquième jour là où « *les eaux sont rassemblées* ».

Décrit comme un monstre énorme ou comme un « *dragon mâle* » séparé par Dieu du dragon femelle nommé Léviathan (Livre d'Hénoch, LX, 7), Béhemoth, aussi appelé Dendayn, représente la terre et habite un désert.

Il est situé « *à l'est du Jardin qu'habitent les élus et les justes* ».

Mais laissons la parole à *La Bible, Livre de Job*, chapitre 41 :

1   *Voici que le chasseur est trompé dans son attente ; la vue du monstre suffit à le terrasser.*

2   *Nul n'est assez hardi pour provoquer Léviathan : qui donc oserait me résister en face?*

3   *Qui m'a obligé, pour que j'aie à lui rendre ? Tout ce qui est sous le ciel est à moi.*

4   *Je ne veux pas taire ses membres, sa force, l'harmonie de sa structure.*

5   *Qui jamais a soulevé le bord de sa cuirasse ? Qui a franchi la double ligne de son râtelier ?*

6   *Qui a ouvert les portes de sa gueule ? Autour de ses dents habite la terreur.*

7 *Superbes sont les lignes de ses écailles, comme des sceaux étroitement serrés.*

8 *Chacune touche sa voisine ; un souffle ne passerait pas entre elles.*

9 *Elles adhèrent l'une à l'autre, elles sont jointes et ne sauraient se séparer.*

10 *Ses éternuements font jaillir la lumière, ses yeux sont comme les paupières de l'aurore.*

11 *Des flammes jaillissent de sa gueule, il s'en échappe des étincelles de feu.*

12 *Une fumée sort de ses narines, comme d'une chaudière ardente et bouillante.*

13 *Son souffle allume les charbons, de sa bouche s'élance la flamme.*

14 *Dans son cou réside la force, devant lui bondit l'épouvante.*

15 *Les muscles de sa chair*

tiennent ensemble ; fondus sur lui, inébranlables.

16 Son cœur est dur comme la pierre, dur comme la meule inférieure.

17 Quand il se lève, les plus braves ont peur, l'épouvante les fait défaillir.

18 Qu'on l'attaque avec l'épée, l'épée ne résiste pas, ni la lance, ni le javelot, ni la flèche.

19 Il tient le fer pour de la paille, l'airain comme un bois vermoulu.

20 La fille de l'arc ne le fait pas fuir, les pierres de la fronde sont pour lui un fétu,

21 La massue, un brin de chaume ; il se rit du fracas des piques.

22 Sous son ventre sont des tessons aigus: on dirait une herse qu'il étend sur le limon.

23 Il fait bouillonner l'abîme

comme une chaudière, il fait de la mer un vase de parfums.

Il laisse après lui un sillage de
24 *lumière, on dirait que l'abîme a des cheveux blancs.*

Il n'a pas son égal sur la terre,
25 *il a été créé pour ne rien craindre.*

Il regarde en face tout ce qui
26 *est élevé, il est le roi des plus fiers animaux.*

Figure 1 : Psautier BNF, Manuscrits, Latin 8846 f. 120v.

« Puis un second signe apparut au ciel : un énorme Dragon rouge-feu, à sept têtes et dix cornes, chaque tête surmontée d'un diadème. Sa queue balaie le tiers des étoiles du ciel et les précipite sur le terre. »

Apocalypse XII, 3.

Ce Dragon est rouge-feu. Il a sept têtes portant couronnes et dix cornes. Il représente le pouvoir du diable. Il est rouge parce qu'il tue, disent les commentaires. Ses sept têtes et ses dix cornes sont assimilées au Moyen Age aux puissants et aux richesses du monde. Sa queue qui balaie les étoiles symbolise la luxure.

Plus loin, on voit la figure du dragon menacer la Femme (thématique l'on retrouve dans la majorité des mythes). Dans la Bible, la Femme représente la Sainte Eglise, obligée de fuir dans le désert, refuge traditionnel des persécutés. L'armée divine, conduite par l'Archange Saint-Michel, engagent alors un combat féroce contre Satan, le dragon rouge-feu à sept têtes, chacune surmontée d'une couronne.

« *Alors une bataille s'engagea dans le ciel : Michel et ses Anges combattirent le Dragon. Et le Dragon riposta, appuyé par ses Anges, mais ils eurent le dessous et furent chassés du Ciel. On le jeta donc, l'énorme Dragon, l'antique Serpent, le Diable ou le Satan, comme on l'appelle, le séducteur du monde entier, on le jeta sur la terre et ses Anges furent jetés avec lui.* » Apocalypse, chap. 12, versets 7 à 9.

Figure 2 : Bible, Apocalypse glosée, Combat contre le Dragon, Grande-Bretagne, Salisbury, vers 1250, Paris, BNF, département des manuscrits français 403, folio 20

Les exégètes voient généralement dans cette Bête le symbole de tout pouvoir s'opposant à Dieu et à ses commandements.

Alnsi, les premières communautés chrétiennes furent persécutées par les autorités de l'**Empire romain**, et cela s'intensifia au tournant du IVe **siècle**. Les traditions chrétiennes identifient donc la première Bête à l'un ou l'autre empereur romain, voire - à l'instar de l'**Oecumenius** - à sept d'entre eux : **Néron, Domitien, Trajan, Sévère, Dèce, V alérien** et **Dioclétien**. Ce fut aussi le cas au XXè siècle pour le Nazisme et le Stallinisme, pour n'évoquer que ces cas-ci.

L'auteur de l'**Apocalypse de Jean** décrit, au chapitre 13, successivement deux bêtes : l'une est issue de la mer, à laquelle **Satan**, partiellement vaincu par l'**archange Michel**, a délégué son pouvoir ; l'autre est issue de la terre afin de seconder la première. Ce couple de bêtes fait écho au tandem marin-terrestre **Leviathan-Béhémot** présent dans la littérature judaïque plus ancienne.

La bête émergée des eaux reprend de manière synthétique les **quatre bêtes** de la vision de **Daniel**. Elle possède sept têtes et dix cornes, représente un système politique dont le pouvoir, conféré par **Satan**, s'étend sur tous les hommes qui y adhèrent en recevant la marque de la bête. Cette marque est le « **Nombre de la Bête** », généralement associé au nombre **666** ou **616**, suivant textes. Cette bête, dont le trait essentiel est la violence et qui symbolise l'Empire romain idolâtre[4], est secondée par une bête venue de la terre, chargée d'entretenir le culte de la première, symbolisant peut-être les clergés chargé des cultes impériaux ou incarnant les faux-prophètes

« 1. Et il se tint sur le sable de la mer. Puis je vis monter de la mer une bête qui avait dix cornes et sept têtes, et sur ses cornes dix diadèmes, et sur ses têtes des noms de blasphème.

2. La bête que je vis était semblable à un léopard; ses pieds étaient comme ceux d'un ours, et sa gueule comme une gueule de lion. Le dragon lui donna sa puissance, et son trône, et une grande autorité.

3. Et je vis l'une de ses têtes comme blessée à mort; mais sa blessure mortelle fut guérie. Et

toute la terre était dans l'admiration derrière la bête.

4. Et ils adorèrent le dragon, parce qu'il avait donné l'autorité à la Bête; ils adorèrent la Bête, en disant: Qui est semblable à la bête, et qui peut combattre contre elle ?

5. Et il lui fut donné une bouche qui proférait des paroles arrogantes et des blasphèmes ; et il lui fut donné le pouvoir d'agir pendant quarante-deux mois.

6. Et elle ouvrit sa bouche pour proférer des blasphèmes contre Dieu, pour blasphémer son nom, et son tabernacle, et ceux qui habitent dans le ciel.

7. Et il lui fut donné de faire la guerre aux saints, et de les vaincre. Et il lui fut donné autorité sur toute tribu, tout peuple, toute langue, et toute nation.

8. Et tous les habitants de la terre l'adoreront, ceux dont le nom n'a pas été écrit dès la fondation du monde dans le livre de vie de l'agneau qui a été immolé.

9. Si quelqu'un a des oreilles, qu'il entende ! »

(Apocalypse 13,1–9)

La Bête de la Terre, quant à elle, intervient dans les vers suivants :

« 11. Puis je vis monter de la terre une autre bête, qui avait deux cornes semblables à celles d'un agneau, et qui parlait comme un dragon.

12. Elle exerçait toute l'autorité de la première Bête en sa présence, et elle faisait que la terre et ses habitants adoraient la première bête, dont la blessure mortelle avait été guérie.

13. Elle opérait de grands prodiges, même jusqu'à faire descendre du feu du ciel sur la terre, à la vue des hommes.

14. Et elle séduisait les habitants de la terre par les prodiges qu'il lui était donné d'opérer en présence de la bête, disant aux habitants de la terre de faire une image à la bête qui avait la blessure de l'épée et qui vivait.

15. Et il lui fut donné d'animer l'image de la Bête, afin que l'image de la Bête parlât, et qu'elle fît que tous ceux qui n'adoreraient pas l'image de la Bête fussent tués.

16. Et elle fit que tous, petits et grands, riches et pauvres, libres et esclaves, reçussent une marque sur leur main droite ou sur leur front,

17. et que personne ne pût acheter ni vendre, sans avoir la marque, le nom de la bête ou le nombre de son nom. »

(Apocalypse 13,11–17)

Figure 3 : Bible, Apocalypse glosée, Combat contre le Dragon, Grande-Bretagne, Salisbury, vers 1250, Paris, BNF, département des manuscrits français 403

Associé à la Bête de l'Apocalypse, ce dragon peut être rapproché d'un autre de ses congénères cher à mon cœur, fondateur lui aussi : le Jörmungand, serpent gigantesque enserrant le monde de ses anneaux. C'était le fils du dieu Loki, qui participera sinon causera à la fin de tout, le Crépuscule des Dieux, le Ragnarök. Dans ce même récit scandinave, un autre dragon est évoqué : la prophétesse Völva décrit le Nídhögg transportant des cadavres dans son plumage au-dessus de la plaine. Il vit sous l'arbre sacré Yggdrasil[11] dont il dévorait les racines. Dans d'autres textes, il vit dans Hvergelmir[12] ou à Naströnd[13], où il mange les cadavres des parjures, des meurtriers et des adultères. La strophe 66 de la Völuspá qualifie successivement Níðhögg de dreki (« dragon ») et de naðr (« vipère », « serpent »).

A présent, revenons à la description communément admise des dragons de l'Occident médiéval, tel que nous nous le représentons. Plusieurs espèces ont été répertoriées, dont l'anatomie serait adaptée à leur environnement (et au rôle « symbolique » dans le folklore local) :

- Les dragons terrestres

- Les dragons aquatiques, dits *Bach- und Seedämon,* doté de nageoires.

---

[11] Selon les *Grímnismál* (35) et *Gylfaginning* (15) de Snorri Sturluson

[12] *Gylfaginning*, 52

[13] *Völuspá* (39)

• Les dragons aériens, dits *Flügelschlange ou Draco Volans,* dotés d'ailes membraneuses

Les premiers, plus « communs », vivraient dans des cavernes. Les seconds, comme leur nom l'indique, auraient adopté les mers, lacs et rivières, avec une nette préférence pour les océans. En ce qui concerne les dragons « aériens », leur lieu de résidence n'a pas été identifié, et l'imaginaire les a assimilés aux comètes. Citons pour le plaisir cette note[14] d'un manuscrit de la Bibliothèque Nationale :

« Le terrible et espouventable dragon apparu sur l'Isle de Malte lequel avoit sept testes, ensemble les hurlemens et cris qu'il faisoit, avec la grande confusion du peuple de l'Isle, et du Miracle qui s'est ensuivy, le 15 Decembre 1608. »

Néanmoins, ces trois catégories cachent bien d'autres sous-espèces qu'il serait vain de vouloir énumérer. Voici les plus intéressantes :

---

[14] Bibliothèque Nationale (K. 15938)

•**Amphiptère** ou *Draco americanus,* sans patte mais muni d'ailes

•**Dragon serpent** ou *Draco serpentalis,* bipède, sans aile

•**Dragon européen** ou *Draco occidentalis magnus,* quadrupède ailé. Il installe son repère en montagne ou dans une grotte en bord de mer (ou d'un lac). Il s'éloigne rarement de plus de 40 kilomètres de sa tanière. Il est diurne. Il mesure dans les quatorze mètres de long, pour une largeur de quatre à cinq mètres. Il peut faire dans les cinq à six mètres de haut. Sa robe est plutôt sombre : rouge, vert, noir, dorée. Sa peau est écailleuse, il a d'énormes griffes (4 par patte) et sa queue est en pointe de flèche. Certains ont des cornes. Ses ailes membraneuses sont comparables à celles des chauves-souris. Il ne supporte le gel que brièvement, car la température ambiante joue sur sa capacité à cracher du feu. Ses proies préférées sont les ovins et bovins, et, dans une moindre mesure l'homme. C'est plutôt lui que l'on retrouve dans nos légendes occidentales. Non seulement il sait parler, mais il est du genre bavard et friand de devinettes et d'énigmes.

• **Dragon des glaces** ou *Draco occidentalis maritimus,* quadrupède ailé. Il est actif la nuit, et sa robe est d'un blanc pur, parfois moiré de bleu ou de rose. Son « souffle glacial » est redoutable. Il sait parler, mais préfère souvent rester muet.

• **Gargouille** ou *Draco occidentalis minimus,* quadrupède ailé. Bien qu'elle soit fort courante, cette sous-espèce française est difficile à observer, nous disent les chroniqueurs, car elle se cache volontiers à la cime des arbres, sur les murailles des châteaux ou au sommet des monuments gothiques comme les églises. A l'origine, les rochers escarpés étaient son domaine. Sa couleur gris ardoise ou vert l'aide à se camoufler. De taille plus modeste que son cousin le dragon européen (4 mètres 50 de long pour 2 à 3 mètres de haut), la gargouille reste une créature redoutable hantant encore nos plus beaux monuments sacrés.

Elle est l'une des représentations démoniaques préférées de l'Église, pourtant ses victimes favorites sont bien modestes : rats, chats et cancrelats !

•**Dragon marsupial** ou *Draco marsupialis*, bipède, ailes courtes. Ce petit dragon australien méconnu ne sait pas voler. Il se sert de ses puissantes pattes pour bondir sur ses proies.

•**Dragon asiatique (ou *lung*)** ou *Draco orientalis,* quadripède sans aile -mais volant.

•**Knucker** ou *Draco troglodytes,* quadrupède muni de petites ailes

•**Vouivre** ou *Draco africanus,* bipède ailé. Elle aime les rochers escarpés, mais elle fait parfois un nid circulaire dans l'herbe ou les dunes. Elle mesure environ une quinzaine de mètres de long, pour cinq à six mètres de haut. Sa robe va du brun terreux au vert vif. Elle utilise ses dents, ses griffes, mais surtout ses redoutables coups de queue. Elle n'hésite pas à larguer des pierres sur ses adversaires ou ses proies quand elle vole en haute altitude : elle privilégie les éléphants, les hippopotames, les rhinocéros et autres grands herbivores. Originaire d'Afrique, elle a besoin de chaleur.

La plupart des dragons sont amphibies, mais tous ne peuvent survivre dans l'eau salée. Grégoire de Tours relate ainsi qu'en 589 la mer rejeta les cadavres de créatures ressemblant à notre draco. On parle aussi du dragon de l'amphithéâtre de Metz lequel se serait noyé dans un affluent de la Moselle. La plupart des auteurs leur attribuent une durée de vie moyenne de 90 ans, mais la tradition ésotérique privilégie le siècle. Les légendes, bien entendu, lui accordent une longévité beaucoup plus grande, sans doute pour en faire une créature magique ou divine. C'est là la différence entre les descriptions « mythiques » et « zoologiques » du cas Dragon.

« *Les dragons ont une attirance exacerbée pour l'or et les pierres précieuses.* » nous dit Frédérique Constatini[15]. « *Ces gemmes sont ingurgitées pour être stockées dans leur jabot et deviennent une source d'énergie magique qui leur confère une longévité exceptionnelle.* »

Nous ne trancherons pas : 90 ans, un ou cinq siècles, mille ans… Néanmoins, nos écailleux sont sujets à quelques maladies variant d'une espèce à l'autre : la pire d'entre elles est la « corrosion des écailles » qui peut être fatale. Ce mal toucherait surtout le cracheur de feu. La « Démence sénile » semble être très répandue parmi les dragons de terre, accréditant la longévité exceptionnelle de cette espèce cavernicole. La « gastrite aiguë non virginae », elle, les affecterait souvent car leur estomac serait trop délicat. Ici encore, dans les traités de draconologie, on paraît accorder des caractéristiques zoologiques à la créature légendaire, pour la rapprocher de la réalité en l'éloignant du mythe.

---

[15] Frédérique **Costantini**, Séverine **Pineaux**, Patrick **Jézéquel**, Le dragon : petit traité de sciences naturelles, éd. Au bord des continents, 2006, ISBN : 291168446X

Toutefois, à part les sauroctones (les héros tueurs de dragons, dont nous parlerons en détails plus loin), le principal ennemi de nos créatures serait l'Ichneumon. Oui, le dragon, tout puissant qu'il soit, a son prédateur. Pline l'Ancien en fait état dans son *Historia Naturalis*[16], évoquant ce poisson des régions marécageuse, qui creuse entre les écailles du monstre avec son nez pointu recouvert de dures plaques forant littéralement les chairs jusqu'aux entrailles qu'il dévore.

Reptile à sang chaud, sa température interne est contrôlée, lui permettant notamment de s'adapter aux particularités de son (ses) habitat (s). Il peut donc hanter des contrées torrides ou glaciales, et vaquer à ses occupations de jour comme de nuit sans être tributaire de la chaleur du soleil comme les autres reptiles.

Ses os sont creux, ce qui lui confère la légèreté nécessaire au vol.

---

[16] Pline l'Ancien, Historia Naturalis (Cône 23-Stabies 79)

Sa morphologie est détaillée (parfois avec fantaisie et talent quant aux illustrations) sur internet, la « draconologie » étant devenue à la mode.

On peut trouver toutes sortes d'images plutôt séduisantes pour dépeindre la vision que l'on a désormais du Grand Ecailleux, néanmoins réduit au *dragon de glace* et au *dragon européen*. En voici une, glanée au hasard, mais assez représentative des affirmations offertes à notre immense désir de donner vie au mythe :

« *Le corps du dragon est complètement recouvert d'écailles résistantes et brillantes. Les écailles sont pentagonales, formées comme une lame, avec deux longs côtés, deux autres très courts et un dernier, tout petit, attaché à sa peau. Le dragon peut les remonter quand il le veut pour les lisser.*

Il faut se rappeler que le dragon est une créature très propre qui prend toujours grand soin à garder sa peau et ses écailles propres, voire immaculées. Dans leurs positions normales celles-ci se chevauchent de manière très rapprochée pour permettre une parfaite liberté de mouvements.

Si nous étudions une écaille de plus près, on peut apercevoir que la plus profonde partie est composée d'une formation compacte de poils, fermement enracinés dans l'épiderme. Sur le bout du poil, quelques minuscules glandes sécrètent une substance qui adhère fermement à la peau. Cette substance est riche en minéraux, et c'est ce qui détermine la dureté et la couleur de l'écaille du dragon. La surface externe possède une texture transparente qui procure aux écailles leur lustre de tous les jours. Les dragons n'ont pas besoin de perdre et de renouveler leur peau comme la plupart des autres reptiles. Les écailles poussent et se renouvellent automatiquement comme les ongles et les cheveux humains. Ils ne les perdent donc pas sauf en cas de maladie. »[17]

Ou ailleurs, reprenant les informations collectées dans les contes et les traditions populaires :

« Les dragons ont des occupations diverses et une alimentation variée.

---

[17] http://lantredudragon.online.fr/origmyth/dorigfr2.htm

Des bruits souterrains révèlent qu'ils pratiquent les beaux-arts et les métiers mécaniques : vous pouvez les entendre chanter et creuser des galeries, mais gardez-vous bien de vous hasarder dans leurs souterrains et de prêter l'oreille à leurs chants. Certains sont préposés à la garde des trésors. Les plus sobres se contentent de lécher le salpêtre des rochers, mais beaucoup, carnivores, voire anthropophages, exigent leur tribut de proies animales ou humaines[18]. »

On prétend qu'en plus de ces plaisirs, les dragons ont une véritable passion pour les devinettes. En voici un exemple : « *On me dit fluide et fuyante, mais le froid me rend résistante. Je suis vague au bord de la mer, je descends les montagnes en hiver, Narcisse a cédé à mes charmes, sans moi vous n'aurez plus une larme.* [19]»

---

[18] Louis Vax, « Le dragon, bête nocturne dans la littérature orale », *Le Portique* [En ligne], 9 | 2002, mis en ligne le 08 mars 2005, http://leportique.revues.org/171
[19] Dugald A. **Steer**, Petit manuel de draconologie, éd. Milan, 2005, ISBN : 2745918966.

SYMBOLIQUE DU DRAGON :

L'ORIENT ET L'OCCIDENT

Le dragon, avant tout figure symbolique, fascine l'Humanité de façon universelle et hante l'inconscient collectif. Créature ambivalente, il ne pouvait qu'imprégner la mythologie, puis le légendaire, avant d'envahir l'univers créatif de notre XXIème siècle.

La Fantasy s'est emparée de la littérature puis du cinéma (et de la télévision avec *Game of Throne*, au succès planètaire). C'est aussi le cas des jeux vidéo après l'engouement international des jeux de rôle tels que *Dongeon and Dragon*.

Cette symbolique, jusqu'à peu, était pourtant différente en Orient et en Occident. Incarnation du Mal dans nos traditions, figure plutôt positive en Asie, le Dragon est comme ces divinités toutes puissantes, insaisissables, implacables :

Figure 4 : Cadmus et le dragon de Béotie (L. Dolce Trasformationi Venise 1553), Rusconi, Giovanni Antonio (Montpellier, Inst. de rech. sur la Renaissance l'âge classique & les Lumières)

Il donne la force, le courage, l'immunité physique, jusqu'à la renaissance, mais il est aussi, avide, destructeur et synonyme d'Enfer.

Le fait est que les caractéristiques habituellement attribuées au dragon sont souvent à double sens, librement interprétées selon la culture (la religion et donc les valeurs) en usage.

Figure 5 : Etendard Dace d'origine Sarmate

(Musei capitolini Interior Courtyard Dacian Draco (c) Cristian Chirita)

Ainsi, prenons l'aspect protecteur du dragon : protecteur de trésors, avide et donc négatif pour certains, il symbolise aussi la force et la vigilance.

Il ne dort jamais, veille sur l'acquis et se battra jusqu'à la mort pour défendre ce qui lui appartient. Dès lors, dès l'Antiquité et le Haut-Moyen-Age, on retrouve sa silhouette comme enseigne de guerre des[20] Daces et sur la proue des drakkars, comme étendard de la cavalerie du bas-empire romain, ou sur celui des Francs[21]. C'est aussi une figure majeure de l'héraldisme.

Cette symbolique somme toute positive peut sembler paradoxale, surtout en ce qui concerne le Moyen-Age, puisque tout l'Occident médiéval lui accorde plutôt une image négative, celle de la Bête, du démon à pourfendre.

De ce fait, le fait de défendre son trésor en fait une créature avide, on voit comment les valeurs basculent.

---

[20] Les Daces : nom donné par les Romains aux tribus thraces du Nord

[21] D'après Garins le Loherins

Le rôle joué par l'assimilation chrétienne des mythes reste au cœur de notre sujet. l'Église a fait du dragon un serviteur du Diable sinon l'incarnation du Mal, le serpent chassé du Paradis par l'Archange Saint-Michel...

De son côté, en Orient, la Chine lui attribue des vertus comme la douceur et la protection, la fertilité... tout en lui laissant sa nature sombre et destructrice. Le blanc et le noir, le Yin et le Yang[22].

Figure 6: Le YIN et le YANG (c) coll. privée

---

[22] Ils sont le principe de base de la Création. Yin principe passif, Yang principe actif. A l'origine il y eut le TAO qui devint le TAI QI, énergie régissant les mouvements des astres du ciel et les cycles de la vie. Le TAI QI donna d'abord naissance au Yang, force créatrice et du Ciel représentée par un Dragon. Ensuite vint le Yin, force de la Terre, représentée par un Phénix. Le Yin et le Yang se complètent et sont indissociables, deux facettes d'une même chose.

L'année du Dragon est considérée comme bénéfique. C'est un signe de Paix, d'abondance. Il est le pivot entre le Ciel et la Terre, essentiel pour l'harmonie du monde. En cela, il est un symbole de pouvoir, associé au souverain, c'est pourquoi ce dernier et les grands dignitaires portaient une robe appelée *mangpao*, ornée d'un dragon à cinq griffes enroulé autour d'une perle.

Pour les Chinois, la semence du dragon, gelée au cœur de la Terre, est à l'origine de la formation du jade. Pierre d'une valeur très importante en Orient, on lui attribue notamment la vertu de pouvoir conserver les corps, c'est pourquoi dès la dynastie des Zhou (XIe – IIIe siècle av. JC) on cousait des morceaux de jade sur les linceuls. Sous les Han (202 av. J.-C. à 220 ap. J.-C) des plaques de jade étaient cousues par des fils d'or et tenaient lieu d'ultime tenue aux défunts royaux. Ces plaques étant taillées dans la semence de la bête sacrée, étaient une promesse d'immortalité. Par ailleurs, le trône des empereurs était sculpté de dragons.

Les vertus géomantiques attribuées à ces derniers étaient également essentielles.

En effet, pour fonder les cités, ou bâtir les palais ou les tombeaux, le *feng-shui* imposait une bonne connaissance de la géomancie[23], pour trouver les meilleurs emplacements : ceux qui bénéficiaient de puissants courants telluriques et magnétiques.

Pour cela, il fallait identifier et quantifier les résonnances de nature négative (yin) ou positive (yang). Ainsi, le bon flux était symbolisé par un mâle, reconnaissable par les contours escarpés des montagnes où était censé résider l'animal sacré.

---

[23] Du latin *geomantia* (« divination par la terre »), La géomancie est une technique de divination fondée sur l'analyse de figures composées par la combinaison de quatre points simples ou doubles (ou points et traits). Cette méthode de divination consiste habituellement à un « tirage » de quatre figures (jet de dés, de pièces, séparation de tas de cailloux, etc.), ou encore par l'observation d'éléments disposés dans la nature sans intervention humaine. Le terme fut rapporté de Chine, sous la forme *jomansie* au début du XIVe siècle, par Marco Polo. Le terme apparaît ensuite en français, vers 1333, sous la forme *géomancie* dans la traduction manuscrite du *Miroir Historial* de Vincent de Beauvais. La geomancie est beaucoup pratiquée en Chine et en Afrique. Jusqu'aux années 1970 elle a été malencontreusement confondu en Occident avec le Feng Shui.

Les routes reliant ces monts entre eux, portaient le nom de lung-mei, « les routes du dragon », et aucune construction n'était autorisée à proximité.

Les dragons chinois s'accouplent en mêlant leur souffle, et déposent le fruit de cette danse sacrée, des œufs nacrés multicolores, près de ruisseaux ou de rivières.

Symbolisant les 4 éléments fondamentaux (air, terre, feu et eau), ils sont bienfaisants, et combattent les forces négatives (le Mal, les catastrophes naturelles...).

Les indiens de Méso-Amérique l'adoraient pour sa puissance, sa beauté, sa créativité : Quetzalcóatl (Kukulkan pour les Mayas) se sacrifiait pour réensemencer le monde moribond de son sang et permettre à ce dernier de renaître, régénéré.

Figure 7: Quetzalcóatl, temple de Teotihuacan, Mexique. (c) coll. privée

En Occident, que ce soit le combat de Saint-Georges illustrant la victoire du Christianisme sur les puissances des ténèbres, ou celle de Siegfried triomphant du dragon Fáfnir, tuer le dragon permet de vaincre la mort.

Le monde peut continuer de tourner, grâce à une sorte de renouveau, de purification.

Il reste néanmoins que pour les Occidentaux, le dragon est devenu au Moyen-Âge une créature infernale, liée au feu, alors qu'il est universellement plutôt rattaché à l'eau. Il vit près (sinon dans) d'une rivière ou d'un lac, quand il n'est pas à l'origine de ces derniers ou d'autres curiosités géologiques[24].

En Occident, c'était un symbole guerrier pour les Vikings, les Celtes, mais aussi avant eux pour les Romains. L'emblème de l'Empire d'Orient était un dragon pourpre. Chez les Celtes, le nom du clan Pendragon (Uther Pendragon était le père du futur roi Arthur), pourrait être traduit par « chef suprême » (le mot « dragon » désignant un « chef » dans la littérature celtique.) C'est pourquoi, selon la légende, Uther Pendragon, après en avoir vu un lors d'un rêve prémonitoire, traversant le ciel en crachant du feu, présage annonçant qu'il hériterait de la couronne de son frère, adopta deux étendards figurant chacun un dragon.

---

[24] On retrouve surtout ceci dans les traditions d'Europe centrale, Suisse, Allemande, Autrichienne etc.

Le folklore celtique est florissant, et évoque plus de cinquante monstres draconiens différents.

En Chine, le dragon personnifie au contraire les forces positives et vitales de la nature. En général, il est associé à des divinités pluviales, s'il ne les incarne pas tout bonnement. Grâce à son souffle, il permet la formation des nuages et l'arrosage des champs. Cette symbolique aquatique est commune à de nombreuses traditions faisant des dragons les gardiens des flots, avec le pouvoir de faire tomber la pluie. En Corée, chaque cours d'eau possède le sien.

Chez les Mayas, Quetzalcoàtl/Kukulkan était aussi une divinité agricole, liée à la fertilité du sol pour faire pousser le maïs (il permettait aussi au soleil de revenir). Mais pour eux, ce « dragon » n'était pas rattaché à l'eau, mais au ciel et à la terre, les deux autres éléments.

Comme en Asie, il est également un symbole de régénération : son sang, une fois mort, fertilise la terre et permet un nouveau cycle de vie.

On notera d'ailleurs que dans la pharmacopée asiatique, on trouve des os de dragons, à mettre en parallèle avec la fameuse « pierre de dragon », la Dracontite (ou Dracontie), de l'Occident.

En effet, ici aussi, de toute antiquité, des qualités médicinales sinon magiques étaient accordées à cette pierre, sensée se trouver dans le cerveau du dragon, qualités sans doute naturellement issues de la symbolique régénératrice attribuée à la bête. Cette *dracontite* tiendrait ses pouvoirs guérisseurs de l'extraction du crâne de l'animal encore vivant (d'où sa rareté !). Pline (XXXVII et XXIX) la mentionne. Il indique aussi que sa tête tranchée, posée sur le seuil, apporterait le bonheur à la maison, ses yeux (en onguent) donnant la bravoure aux plus lâches, et la graisse de son cœur permettant de gagner des procès. Dans les *Cyanides*, Hermès parle aussi de la pierre de dragon, efficace contre les hémorragies. Saint-Isidore, Albert le Grand, Vincent de Beauvais ou encore Panthot (qui l'appelle escarboucle) en font également état. Pour ce dernier, elle luirait dans le noir comme une lampe.

D'après Hugues Ragot[25], auteur d'un lapidaire en prose du XVe siècle, une pierre gravée d'un motif draconien forcerait les esprits des ténèbres à obéir et apporterait la richesse.

Le dragon occidental, comme celui de l'Orient, est donc passé d'une symbolique de fertilité à un rôle médicinal, cabalistique et magique. Il faut souligner aussi qu'en alchimie, l'un des éléments majeurs, le mercure est appelé « le dragon ».

C'est sans doute en raison de cette double identité, de cette double symbolique, qu'est issue la place du dragon dans l'univers médiéval fantastique actuel.

Cette symbolique est née de deux visions du monde opposées – l'Orient et l'Occident – déchirées par des questionnements intérieurs et culturels sans réponse.

---

[25] « *Le Livre qui est nommé Lapidaire, lequel traicte des vertus et proprietez des pierres précieuses et des enleveures, taillies et figures d'icelles...* », par « Hugues Ragot », XVe siècle, côte manuscrit BNF Français 2009

Cette fracture humaine, le Bien et le Mal, la Force et la Douceur, la Destruction bestiale et la Créativité, *c'est* le dragon.

Mais revenons plus en détails sur les modèles chinois, européen et les textes qui les ont immortalisés.

LE DRAGON DANS L'IMAGINAIRE COLLECTIF :

LES MYTHES ET LEGENDES FONDATEURS

LA CHINE : la déesse NUGUA (NUWA), et le mythe du déluge

Nous l'avons vu, la figure du dragon est omniprésente dans la culture asiatique, notamment en Chine. En fait, tout trouve son origine avec lui, à commencer par la création des hommes par Nugua (Nüwa), mi-femme mi-serpent.

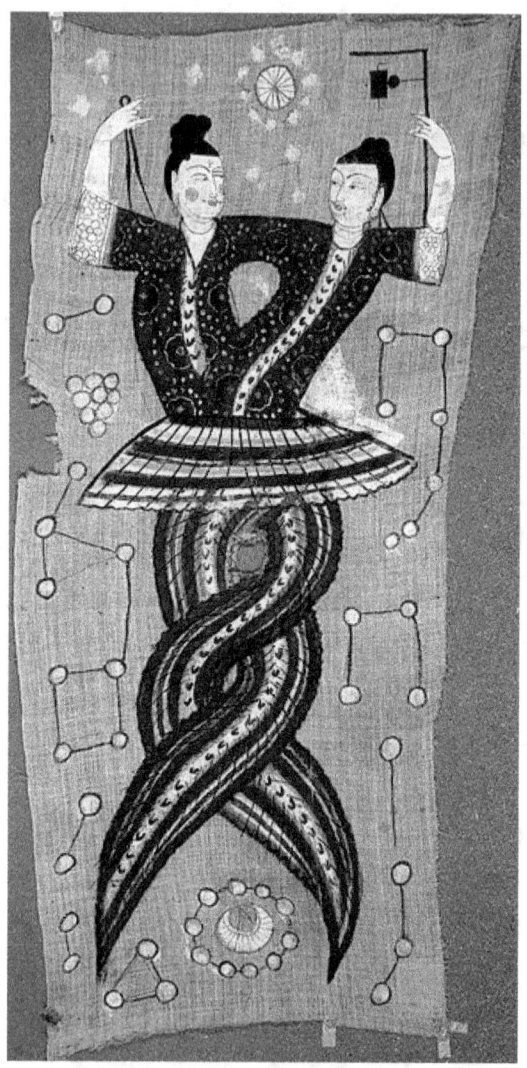

*Figure 8 : Nüwa avec le compas et Fuxi avec l'équerre
(anonyme, coll. Privée)*

Le déesse-mère Nugua est primordiale dans la cosmogonie chinoise, même si par la suite elle fut reléguée à une place mineure, sinon remplacée par un homologue masculin. Il s'agit d'un mythe rappelant celui du déluge. On y retrouve cette déesse-serpent, dont je ne sais si on peut l'assimiler à un dragon ou non (son frère et époux, représenté lui aussi avec une queue de serpent, tient généralement une paire de compas. Il est donc proche des dragons « bipèdes ».

Mais pour Nugua c'est plus flou, car la divinité est plutôt un reptile ayant une tête humaine, et pas de membres.

Quoi qu'il en soit, plusieurs créatures apparaissent : le Dragon Noir, d'abord (qui est en fait une des manifestations du dieu-ouvrier (ou dieu des eaux) Gong-Gong.

C'est la forme qu'il adopte lorsqu'il agite les eaux du monde au point de provoquer un raz de marée allant fracasser le ciel, que la déesse devra réparer pour repousser le chaos.

Dans une autre version du mythe, le héros Yu parvient à maîtriser les eaux déchaînées, aidé de dragons aquatiques. Par la suite, c'est encore un dragon, jaillissant du fleuve jaune, qui apportera à Yu les plans du monde à rebâtir.

L'intérêt de la version primitive du déluge chinois est le rôle destructeur et négatif du Dragon Noir, car par la suite, comme nous l'avons vu, le monstre chinois aura plutôt un côté bénéfique.

LA GRECE ANTIQUE

Dans la mythologie grecque, les dragons sont plutôt apparentés aux serpents. Etymologiquement, en grec ancien, ils sont appelés *drákōn* (du verbe signifiant « voir, percer du regard »).

Les femelles sont les *drakaina* (c'est le cas pour Python, dans les hymnes homériques à Apollon[26]).

Ce sont des gardiens (de lieux sacrés, de trésors), mandatés par des dieux. A la différence de ceux du moyen-âge, ils sont dépourvus de pattes et d'ailes.

Ce sont des serpents monstrueux, dotés de pouvoirs terribles comme de nombreuses têtes ou un souffle empoisonné.

---

[26] L. Bayard, « Pytho-Delphes et la légende du serpent », *Revue des études grecques*, t. 56, fasc. 264-265, janvier-juin 1943, p. 25-28

Tous ou presque ouvriront la longue liste des bêtes mises à mort par un héros. Les tueurs de dragons ont même un nom générique : ce sont les *sauroctones*.

Dans l'Antiquite, on répertoriait 5 catégories de dragons :

- le Draconis Teutonica (pour l'Allemagne, la Scandinavie et l'Atlantique Nord) ;

- le Draconis Albionensis ou dragon britannique ;

- le Draconis Galii (ou dragon gaulois, pour la France, l'Italie et l'Espagne) ;

- le Draconis Cappadociae (le dragon méditerranéen pour la Grèce, l'Asie Mineure, l'Afrique du Nord et la Russie) ;

- le Draconis Sinoensis (le dragon chinois, pour l'Asie et l'Indonésie).

Figure 9: Héraclès et l'Hydre de Lerne, amphore attique à silhouettes noires, v. 540-530 av.   J.-C., musée du Louvre

Ainsi, citons l'Hydre de Lerne, doté de têtes qui repoussaient à mesure qu'on les tranchait. Son souffle, son sang et ses dents étaient empoisonnés. Il sera tué par Heraclès et Iolaos. Ses parents seraient Typhon et Gaia (ou Echydna[27]), qui en engendrèrent d'autres, comme le célèbre dragon de Colchide, gardien de la Toison d'Or.

---

[27] Hygin, *Fabulae*, CLI. *Ex Typhone et Echidna nati*

Ovide le décrit dans les *Métamorphoses* comme « *un dragon toujours éveillé, impressionnant avec sa crête, ses trois langues et ses dents en forme de crocs, gardien redoutable de l'arbre aux reflets d'or* ».

La sorcière Médée aida Jason à lui dérober la fameuse toison d'or en l'endormant à l'aide de drogues. Le dragon de Thèbes, lui, est décrit par Ovide comme un serpent né de Mars, aux yeux flamboyants, au corps rempli de venin, à trois langues et trois rangées de dents.

Celui-ci, aussi appelé *dragon de la source d'Arès*, *dragon d'Aonie*, ou *dragon d'Ismène*, avait été chargé par le dieu Arès de garder une fontaine, près du temple d'Apollon d'Ismenios, non loin de Thèbes. Quiconque s'avisait d'approcher de la source était aussitôt massacré.

Le héros thébain Cadmos le tua en lui fracassant la tête avec une pierre. Sur les conseils d'Athéna, il planta les dents du monstre, et des soldats jaillirent du sol (ce sont ces mêmes dents que la déesse fit semer à Jason, pour un résultat identique).

Nous retrouvons donc ici, après un rôle de gardien, le pouvoir créateur, régénérateur de notre écailleux. Du moins de sa dépouille.

Venons-en à Ladon, chargé par Hera de garder les pommes d'or : « *L'arbre du jardin des Hespérides qui portait ces pommes si célèbres et le dragon entortillé autour de cet arbre*[28] ». Malgré les innombrables têtes que lui attribue Apollodore, il sera terrassé par Héraclès, à son tour.

Plusieurs ascendances lui sont accordées : il serait fils de Gaïa, de Typhon et Echydna, de Keto et Phorcys, et même de Ceto dont nous allons parler maintenant.

Après sa mort, Ladon fut placé au firmament par Hera et constitue désormais la Constellation du Serpent.

Tous ces dragons-serpents semblent appartenir à la même famille. Évoquons donc le cas particulier de Ceto.

---

[28] Pausanias, *Description de la Grèce, Élide, Livre VI chapitre XIX*

Persée, fils de Danaé et de Zeus, et petit-fils du roi Argos, est l'un des archétypes des tueurs de dragons désormais représentés par Saint-Georges.

Il est aussi le héros qui vint à bout de la gorgone Méduse, un autre monstre de la mythologie grecque. Sa naissance le prédisposait à ce rôle majeur, puisque Argos essaya vainement d'empêcher sa venue au monde pour contrecarrer un oracle prédisant que l'enfant le tuerait un jour.

Le roi enferma en effet sa fille dans une tour d'airain, mais Zeus se glissa auprès d'elle sous la forme d'une pluie d'or. Les pleurs du bébé né de ces ébats extraordinaires dévoilèrent sa présence au roi qui tenta de tuer la mère et le bébé en les enfermant dans un coffre scellé qu'il fit jeter à la mer.

Recueilli et élevé par un pêcheur sur l'île de Sériphos, Persée se verra alors confier par le souverain local, Polydecte, la mission de tuer la gorgone Méduse. Le regard de celle-ci suffisait à pétrifier quiconque le croisait, pouvoir rappellant celui du dragon Python évoqué plus haut. Après cet exploit, Persée rencontra la princesse éthiopienne Andromède, promise à une fin sinistre à cause des paroles malheureuses de sa mère la reine Cassiopée.

En effet, Cassiopée avait proclamé que la beauté de sa fille surpassait celle des Néreides, les nymphes escortant Poséidon.

Pour apaiser la colère du dieu, le roi Céphée décida d'offrir la princesse en sacrifice au monstre Ceto. Enchaînée à un rocher sur le rivage, la malheureuse fut sauvée par Persée qui terrassa le dragon de mer.

Il délivra Andromède puis en fit sa femme. Ils auront une nombreuse descendance, dont Heraclès et les Atreides.

Ce mythe rappelle beaucoup celui d'Héraclès portant secours à Hésione dans une version phénicienne.

Dans tous les cas, Ceto est un monstre mal défini. On le place dans la liste des dragons marins, mais c'est plutôt un poisson colossal (une baleine). De ce fait, il se rapproche de Léviathan.

Figure 10 : Phorcys (centre) et Céto (droite), mosaïque du musée du Bardo

LE CAS DE LA CHIMERE

La mythologie grecque nous offre tout un florilège de monstres, et le cas de la Chimère mérite d'être signalé dans ce chapitre. S'il ne s'agit pas d'un dragon, cette figure fascinante s'apparente symboliquement à la créature de nos bestiaires médiévaux.

Cette monstruosité est une création hybride dotée d'un corps de lion (symbolisant la royauté, mais aussi la perversion des désirs matériels). Elle possède aussi une tête de chèvre sur le dos (ou un corps de chèvre, symbolisant la perversion sexuelle) et une queue de dragon, ou de serpent (le mensonge). À l'instar du dragon médiéval, elle peut cracher du feu.

La chimère réunit donc des éléments allégoriques livrant bien des interprétations. C'est emblématique de créations imaginaires issues des profondeurs de l'inconscient, représentant peut-être les désirs inassouvis, sources de frustrations et plus tard de souffrances, ou de déchéance.

On attribuait également à ces mêmes animaux les trois signes du temps suivants : le printemps pour le lion, l'été pour la chèvre et l'hiver pour le serpent. La combinaison de ces trois éléments symbolisait la vie qui passe.

Hésiode la décrit avec 3 têtes (lion, chèvre, serpent), crachant du feu, et qui enfantera le Sphinx et le Lion de Némée après s'être unie au chien Orthos. Elle serait fille Typhon et d'Échidna ou de l'Hydre de Lerne, et donc affiliée aux dragons.

Elle sera tuée par Bellérophon chevauchant Pégase, le cheval ailé.

Figure 11: La Chimère d'Arretium. (Vers 380-360 avant J.C.)(Florence Musée Archéologique)

Nous l'avons déjà évoqué, l'Église s'est approprié le mythe du dragon pour en faire un symbole d'hérésie et d'enfer. L'eau dans laquelle il se baignait devenait impure, il profitait de la cérémonie de la pesée de l'âme pour attirer le Juste en enfer etc. Cette diabolisation de la figure draconienne vient de l'interprétation des textes bibliques dont certains passages (ou images) sont assez proches de la mythologie antique. Ainsi, dans la Genèse, Adam et Eve cueillent le fruit défendu sur un pommier fabuleux, gardé par un serpent qui les pousse à transgresser la loi de Dieu. Cette histoire n'est pas sans rappeler le onzième des travaux d'Hercule, où il s'opposa au dragon gardant les pommes d'or dans le jardin des Hespérides. Dans l'Apocalypse selon Saint-Jean, un dragon rouge feu doté de sept têtes, attend qu'une femme ait accouché pour dévorer son nouveau-né. Il sera heureusement soustrait à cet horrible destin en étant emmené auprès de Dieu, tandis que l'Archange Saint-Michel et ses légions angéliques repoussent la bête sur Terre. Ce dragon-ci ressemble à celui de la légende basque Herensugue, lui aussi pourvu de sept têtes, s'accouplant avec la déesse serpent Sugaar pour enfanter le soleil et la lune. Le monstre avale la Terre qu'il recrache dix jours plus tard dans un déluge de feu avant de s'endormir. Il se réveillera à la fin des temps, et détruira le monde par les flammes.

Ce dragon fait naître le monde et sera son terme, et nous emmène au Nord, auprès de Nidhöggr, le dragon ancestral de la mythologie norvégienne. Celui-ci vit sous l'arbre Yggdrasill, l'Axis Mundi, dont il dévore peu à peu les racines. Quand il en aura terminé, la fin du monde sera là.

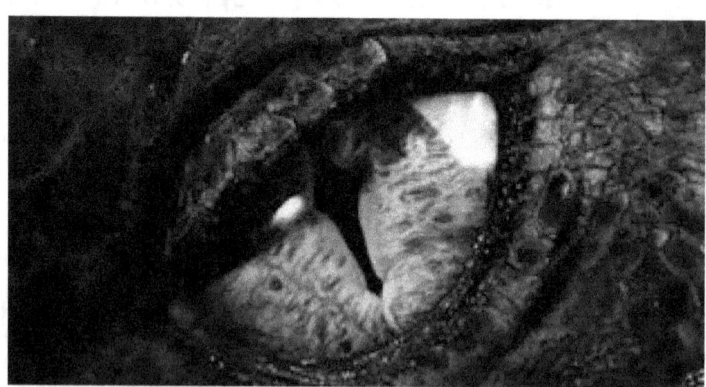

L'EUROPE DU NORD :

Sigurd/Siegfried et Fáfnir

La mythologie nordique est foisonnante et n'est pas en reste avec l'antiquité gréco-romaine. Riche en héros et en monstres, elle a la particularité de proposer une vision très sombre du monde.

Sa lucidité en ce qui concerne le devenir de celui-ci et de l'humanité, à travers des dieux subissant eux-mêmes un destin tragique dont ils sont conscients, a donné lieu à des épopées fabuleuses, sanglantes et très poétiques. Le dragon (appelons-le dragon-serpent ou ver) y a une place centrale.

Le draco scandinave (repris dans les traditions germaniques), symbolise moins une entité qu'une force maléfique. C'est une créature mauvaise, foncièrement hostile et dévastatrice.

Nous évoquerons ici le plus célèbre d'entre eux, Fáfnir, parvenu jusqu'à nous grâce à la légende des Nibelungen de l'Edda, sublimée au XIXè s. par l'opéra de Richard Wagner, puis par le film de Fritz Lang : *« Les Nibelungen : la mort de Siegfried »* (1924).

Au XIIIè s., des récits datant du VIIIè s. furent retranscrits par le moine Snorri Sturlusson. Ces textes formaient *l'Edda*, et subirent certainement de fortes influences chrétiennes. Cette histoire nous ramène aux héros tueurs de dragons dont nous avons déjà parlé, avec l'image éternelle de Siegfried (anciennement Sigurd pour les Scandinaves) transperçant Fáfnir de sa lance.

Fáfnir me semble essentiel dans ce guide, car il se démarque des autres figures que nous avons pu évoquer : en effet, avant d'être un dragon, Fáfnir était un homme (ou plutôt un Nain).

Fils de Hreidmar et frère de Regin et d'Ótr, ce puissant personnage s'était emparé du trésor maudit de son géniteur après l'avoir assassiné, aidé de son frère Regin.

Mais il faut parler de cet or avant d'en venir au dragon : Le père de Fáfnir avait obtenu ce trésor en prenant en otage les dieux Odin, Hoenir et Loki et, car ce dernier avait tué accidentellement son fils Ótr (une loutre). C'était la rançon payée par les déités pour retrouver leur liberté, mais c'était avant tout la propriété du Nain Andvari, dérobée par Loki pour pouvoir acquitter la somme exigée par Hreidmar. Or, parmi ces richesses volées se trouvait une bague dont on disait que quiconque la porterait serait maudit...

A l'instar de l'anneau de Tolkien[29], celui des Nibelungen est l'objet de toutes les convoitises, et la source de tous les drames. Il rend fou. Ainsi, Hreidmar le passa à son doigt, et ne voulut pas répartir le trésor avec ses fils.

Regin l'assassina.

Pendant ce temps, Fáfnir mettait la main sur l'or.

---

[29] J.R.R. Tolkien, Le Seigneur des Anneaux

Aussitôt, son esprit fut la proie de la malédiction, et il refusa à son tour de partager avec Regin. L'épée Hrotti au poing, et coiffé du casque Tarnhelm permettant de se transformer à volonté et d'insuffler la terreur dans le cœur de ses ennemis, Fáfnir pris la forme d'un dragon et s'enfuit avec l'or. Et l'anneau.

Regin, décidé à se venger, devint l'orfèvre du roi du Danemark et fut chargé d'éduquer le jeune Sigurdr/Siegfried.

Il attisa sa convoitise pour l'inciter à traquer le monstre pour lui reprendre le trésor. Après plusieurs tentatives, Siegfried, aidé par Odin, finira par terrasser la bête et s'emparer de l'or.

Avant de rendre l'âme, Fáfnir prévint le jeune homme de la malédiction pesant sur l'anneau mais celui-ci n'y prêta pas attention ; Sur les conseils de Regin, il dévora le cœur de la bête (ou but son sang en portant ses doigts ensanglantés à ses lèvres), et se découvrit le pouvoir de comprendre le langage des oiseaux.

Ces derniers l'informant des mauvaises intentions de Regin, il lui trancha la tête. Cette histoire est détaillée dans le poème eddique *Fáfnismál*, la *Völsunga saga* et rapidement dans les *Skáldskaparmál*.

La suite de cette aventure n'est qu'une tragique succession de drames et d'évènements épiques. Siegfried rencontrera la Walkyrie Brynhild, prisonnière d'un cercle de feu magique car elle avait désobéi à Odin. Le jeune homme tombera éperdument amoureux d'elle et lui offrira l'anneau...

Il existe plusieurs versions de cette légende, postérieures à celle de l'Edda, dont celle connue comme « *La chanson des Nibelungen* » dans laquelle Siegfried ne prend pas l'or au dragon mais au peuple des Nibelungen qu'il a vaincu.

Le meurtre de Fáfnir reste tout de même au cœur de l'histoire car en se baignant dans le sang du monstre, le héros devient invulnérable sauf à un endroit précis du dos où une feuille s'était posée.

C'est par ce point faible que Siegfried trouvera la mort, rappelant l'histoire du talon d'Achille dans la mythologie grecque.

Dans une autre légende, la *Saga de Théodoric de Vérone (ou Thidreksaga)[30]*, Sigurd est élevé par un forgeron, Mime.

Celui-ci envoie le jeune homme dans la forêt pour se débarrasser de lui, certain que son frère le dragon Regin (ou Regen) va le dévorer. Mais c'est Sigurt qui tue la bête, et découvre qu'en s'enduisant le corps de son sang, il devient invulnérable.

Dans *Les Enfants de Húrin* de Tolkien, la fin de Glaurung le dragon, abattu par Túrin, semble être une allusion à celle de Fáfnir.

Outre sa mise à mort, quasiment identique, Glaurung se couche sur l'or de Nargothrond comme Fáfnir sur celui des Nibelungen.

---

[30] Claude Lecouteux (Textes présentés et traduits par), *La légende de Siegfried d'après La saga de Thidrekr de Vérone dans La légende de Siegfried d'après La Chanson de Seyfried à la peau de Corne et la Saga de Thidrekr de Vérone*, Éditions du Porte-Glaive, 1995, « Saga de Théodoric de Vérone », p. 81-113
Claude Lecouteux (Introduction, traduction du norrois et notes) Saga de Théodoric de Vérone, Honoré Champion 2001

Chez Tolkien, on retrouve le même parallèle avec le dragon Smaug, dans *The Hobbit*.

Dans son roman *De feu et de Sang*, Melvin Burgess reprend également de nombreux éléments de la légende de Sigurd/Siegfried tuant Fáfnir. Il est difficile de citer toutes les œuvres tirant leur inspiration de ce mythe, tant il y en a, diverses et variées. On retrouve Fáfnir dans des bandes dessinées aussi différentes que *Le Trésor de Fiskary* (où Lambique tient le rôle héros et tue le dragon Guérekler), de la série *Bob et Bobette*, les *Schtroumpfs dans Le Pays maudit* (1961). Citons aussi une bande dessinée de Peyo de la série *Johan et Pirlouit*. Il apparaît sous le nom de Fafner dans les BD *Siegfried* (2007-2011, Alice, éd. Dargaud) et *Le Crépuscule des Dieux* (2007-2010). Dans la série "*Tara Duncan*" de Sophie Audouin-Mamikonian, Fáfnir est une naine guerrière aux deux longues tresses rousses et au fort caractère, et dans *Narnia*- Le Passeur d'Aurore[31], le

---

[31] *Le Monde de Narnia* de C. S. Lewis (*L'Odyssée du passeur d'aurore*, 1952), adapté au cinéma sous le titre *L'Odyssée du Passeur d'Aurore* (The Voyage of the Dawn Treader) en 2010 par Michael Apted.

héros Eustache se transforme en dragon à cause d'un anneau maudit, comme Fáfnir.

Beowulf

En 1936, Tolkien fit une conférence qui bouleversa l'interprétation d'un des plus beaux textes du moyen-âge, et l'intitula : *Beowulf : The Monsters and the Critics.*

Le futur auteur du *Seigneur des Anneaux* et de *Bilbo le Hobbit* avait passé sa jeunesse à traduire et étudier ce texte, ainsi que les langues nordiques.

Il voulait mettre en avant le contenu littéraire de *Beowulf*, jusqu'ici méprisé.

De nombreuses pages célèbres de ses œuvres sont d'ailleurs inspirées de ce texte majeur du Xè siècle, comme le personnage emblèmatique Gollum, ou encore le dragon Smaug et le vol de sa coupe par le Hobbit Bilbo.

Figure 12 : La statue de Beowulf, la garde du château Garibald

Le poème retrace les hauts faits du héros Beowulf, et ses trois principaux combats. Puissant guerrier goth (« Geat », une peuplade au sud de la Suède), Beowulf se rend au Danemark pour débarrasser la cour du roi Hrothgar d'un terrible monstre mangeur d'hommes nommé Grendel. Après l'avoir vaincu, il tue aussi la mère de Grendel, puis retourne dans le pays des Goths pour se mettre au service de son peuple et de son roi, Hygelac. Bien plus tard, après avoir succédé au monarque, il meurt lors d'un ultime combat contre un dragon cracheur de feu.

L'EUROPE CHRETIENNE :

Saint-Michel

Figure 13 : L'archange Saint-Michel terrassant le dragon, église St Pierre, Mont Saint-Michel

Michel (de l'hébreu Mîkhâ'êl signifiant « Qui est comme Dieu ? ») est l'un des trois archanges (avec Raphaël et Gabriel) présents dans les traditions du judaïsme, du christianisme et de l'islam.

Chef de la milice céleste, il est principalement représenté avec des attributs guerriers, en chevalier ailé terrassant le Diable (allégorie de la victoire de la foi chrétienne sur le mal). Il est également dessiné avec la balance du Jugement Dernier, à la fois juge (psychostasie) et guide (psychopompe) du salut des âmes pour l'Enfer ou le Paradis.

Dans l'iconographie médiévale occidentale et les siècles suivants, Saint-Michel est le plus souvent montré terrassant un dragon symbolisant Satan, et non pas un simple démon.

D'après *l'Apocalypse*, en effet, le Dragon est l'un des noms de Satan : Ap. 12, 9 : « *Ainsi fut culbuté le grand Dragon, le Serpent primitif, appelé Diable et Satan.* » ; Ap. 20, 2 : « *Je vis encore un ange descendre du ciel : il tenait à la main la clef de l'abîme et une grande chaîne. Il maîtrisa le Dragon, le serpent primitif, qui n'est autre que le Diable et Satan.* »

Toutefois si l'iconographie médiévale, dans ses représentations de Saint Michel, le montre le plus souvent terrassant le dragon[7], celui-ci y dépeint Satan et cela n'a rien de commun avec les chasseurs de dragons comme Saint Georges, Saint Géry et d'autres.

Saint-Georges

Connu comme Saint Georges pour les chrétiens, George de Lydda (env. 275/280 - 23 avril 303) est un héros martyr du IVe siècle, saint patron de la chevalerie (ordre du Temple, ordre Teutonique, ordre de la Jarretière, ordre de Saint-Michel et de Saint-Georges...).

Figure 14 : St Georges, Raphael, 1504-1505, British Museum

Allégorie de la victoire de la foi chrétienne sur le démon (du bien sur le mal), il est représenté en chevalier terrassant un dragon. On connait son histoire grâce à *La Légende dorée*[32].

---

[32] *La Légende dorée* (Legenda aurea en latin) est un ouvrage rédigé en latin entre 1261 et 1266 par Jacques de Voragine, dominicain et archevêque de Gênes, qui raconte la vie d'environ 150 saints ou groupes de saints, saintes et martyrs chrétiens, et, suivant les dates de l'année liturgique, certains événements de la vie du Christ et de la Vierge Marie.

Alors qu'il traversait la ville de Silène (Lybie), George apprit qu'un monstre terrorisait la population, et exigeait qu'on lui livre quotidiennement deux jeunes gens tirés au sort.

Ce jour-là, la fille du roi devait être sacrifiée au monstre, enchaînée devant l'antre de la Bête. N'écoutant que son courage, le héros engagea une lutte acharnée contre le dragon, armé de sa seule lance et de sa foi chrétienne. Il parvint à transpercer la terrifiante créature et délivra la jeune fille.

Il la ramena à son père, suivi par la bête blessée qu'il avait soumis. Une fois la population convertie et acceptant de recevoir le baptême, George acheva le monstre d'un coup de cimeterre, et son cadavre fut traîné hors de la ville, tiré par quatre bœufs.

Dans les textes médiévaux, la lance (ou dans certaines versions, une épée longue) avec laquelle saint Georges terrassa le dragon fut appelée « *Ascalon* », du nom de la ville d'Ashkelon en Terre Sainte.

Un forgeron de cette ville la lui aurait façonnée dans un acier spécial.

C'est une interprétation chrétienne du mythe de Persée délivrant la princesse Andromède attachée à un rocher et tuant le monstre marin auquel elle était offerte en sacrifice pour qu'il cesse de ravager le pays.

Saint Géry

Géry naquit dans le diocèse de Trèves, à Eposium, de parents gallo-romains. Il occupa le siège épiscopal de Cambrai-Arras vers 585, sous le règne de Childebert II.

Il fut consacré par Aegidius, archevêque de Reims. Géry passa sa vie à lutter contre le paganisme. Il détruisit des idoles, peut-être celles du culte d'Odin ou de Teutates au Mont-des Bœufs à Cambrai, y plaça une communauté de religieux.

Il transféra, entre 584 et 590, le siège épiscopal d'Arras à Cambrai. Il entretint des rapports étroits avec Clotaire II, successeur de Childebert comme souverain de Cambrai.

Selon la légende, Géry avait chassé un monstre dont l'antre était située là où fut construite par la suite l'*Impasse du Dragon* à Bruxelles.

Il éleva une chapelle consacrée à Saint Michel, puis plus tard la cathédrale Saints-Michel-et-Gudule, qui devint bientôt une église et donna naissance à la ville de Bruxelles.

Sainte-Marthe

Mais alors, pas de femmes chasseuses de dragons ?

Eh bien si.

Les légendes médiévales aiment montrer ces créatures terrifiantes friandes de jeunes vierges, mais elles ont aussi leur sainte terrassant la Bête, ce n'est pas rien à une époque où la figure de la femme commençait à être diabolisée par l'Église...

Marthe de Béthanie est une disciple de Jésus-Christ, sœur de Lazare et de Marie de Béthanie, qui assista à la résurrection de son frère Lazare et offrit l'hospitalité à Jésus. Enfin, l'*Épître des apôtres*, écrit apocryphe chrétien datant de 120 ap. J.-C., la présente comme l'une des principales femmes témoins de la Résurrection de Jésus avec Marie de Magdala et Sara.

Selon la tradition provençale, Marthe s'est établie, après la mort du Christ, en Provence aux Saintes-Maries-de-la-Mer avec Lazare et Marie de Béthanie.

Elle y aurait vaincu la Tarasque à Tarascon, où fut élevée en son honneur une collégiale royale, sur l'emplacement de son tombeau.

La légende la fait alors se rendre, avec d'autres saintes, à Marseille, où elle chasse un dragon avec de l'eau bénite. Marthe est aussi représentée en maîtresse de maison avec un trousseau de clés à la ceinture, et tenant un vase contenant le liquide consacré.

LE DRAGON DANS LES CONTES POPULAIRES

Saint-Clément et le Graouilly

La première version de la légende de saint Clément de Metz date de la fin du Xe siècle. Saint Clément avait été envoyé par Saint Pierre pour évangéliser Metz, mais il se retrouva devant une situation impossible : des serpents installés dans l'amphithéâtre empoisonnaient l'air de leur souffle venimeux, interdisant ainsi l'accès à la ville.

Après avoir dit la messe et communié, il se rendit sur les lieux, soumit les reptiles d'un signe de croix, puis attacha le plus gros pour le conduire au bord de la Seille. Là, il lui ordonna de quitter les terres habitées avec tous ses congénères.

Ce dernier élément de la légende est une tradition locale rapportée par Paul Diacre dans ses *Gesta episcoporum mettensium*, écrits entre 783 et 786. L'auteur de la saga de saint Clément s'est semble-t-il inspiré de plusieurs vies de saints sauroctones.

L'histoire évolue entre le XIe s. et le XVIe s. Le « plus grand des serpents » devient un dragon buveur de sang envoyé par Dieu pour punir les Messins de leurs débauches. Saint Clément, envoyé pour délivrer Metz du monstre, le noie purement et simplement dans la Seille.

Le dragon à sept têtes (Grimm)

Nommé, mais rarement décrit, le dragon apparaît dans de nombreux contes populaires. Le schéma de ces histoires est souvent le même : il terrorise la population, menace ou détient prisonnière une princesse.

Le héros l'affronte dans un combat singulier, délivre la captive et l'épouse.

Il existe plusieurs variantes de ce type de récits rappelant tant les mythes grecs.

Figure 15 : illustration par John Batten, du conte de Joseph Jacobs extrait de "Europa's fairy book », 1916 : le dragon à sept têtes.

Voici celle de Grimm, l'un l'un des rares cas où le monstre a la parole.

Le personnage principal, un chasseur, est assisté par des animaux sauvages – un lion, un ours, un loup, un renard et un lièvre – auxquels il a laissé la vie.

Dans d'autres versions, il est aidé par trois chiens.

« *Quand le dragon à sept têtes aperçut le chasseur, il exprima sa stupéfaction en disant ; « Que viens-tu faire sur la montagne? » Le chasseur répondit : « Me battre avec toi » – « Maints chevaliers, dit le dragon, ont laissé leur vie ici, et je vais en finir avec toi aussi. ». Et de souffler des flammes de ses sept gueules. Le feu allait enflammer l'herbe sèche, et le chasseur allait périr étouffer dans la chaleur et la fumée. Mais les bêtes accoururent et piétinèrent le feu : Le dragon se précipita sur le chasseur, mais celui-ci brandit son épée qui siffla dans l'air et trancha trois têtes du monstre. Saisi d'une rage folle, le dragon s'éleva dans les airs, cracha du feu sur le chasseur et voulut se jeter sur lui. Mais le chasseur brandit une fois de plus son épée et lui trancha une fois de plus trois têtes.*

Le monstre languissant s'effondra, mais voulut une fois encore courir sus au chasseur qui, rassemblant ses dernières forces, lui trancha la queue. Et, n'étant plus en, état de combattre, il appela ses bêtes qui taillèrent le monstre en pièces... »

DRACONOLOGIE ET CRYPTOZOOLOGIE : questions posées par la fascination intemporelle inspirée par le dragon

Le dragon a-t-il vraiment existé ? subsiste-t-il toujours ?

Nous avons longuement exploré l'aspect mythique et symbolique de notre draco, penchons-nous maintenant sur sa réalité actuelle ou passée. Il sera temps, ensuite, de nous intéresser à sa place dans notre siècle, notamment interpellés par le travail de chercheurs comme Bernard Heuvelmans ou Michel Meurger. Néanmoins, trois questions majeures s'imposent :

Les dragons sont-ils les descendants des grands sauriens du Secondaire et du Cretacé ? on oscille entre la tentation de le reconnaître dans les formes des ptérosaures, par exemple, et celle de se demander pourquoi on n'en trouve aucune trace dans l'art pariétal préhistorique.

Comment expliquer sa présence dans quasi toutes les civilisations du globe ? y aurait-il une origine commune qui nous échappe, qu'elle soit culturelle ou zoologique ?

Les représentations (multiples) qui nous sont parvenues, qu'elles soient mythiques, folkloriques ou fantaisistes, traduisent-elle une interprétation imaginaire de symboles et de fantasmes, au fil des siècles ? Au contraire, sont-elles nées de la vision d'animaux rares, étranges, effrayants, qui mériteraient d'être (re)découverts ?

Qu'est-ce que la cryptozoologie ? la définition réductrice et partisane du Larousse donne une idée assez complète de la raison d'être de ce chapitre :

« Nom féminin, du grec *kruptos,* caché, et *zoologie, étude scientifique d'animaux dont l'existence est contestée (pieuvre géante, yéti, etc.).* »

Préférons-lui celle du GDT[33] :

« *Science qui tente d'étudier objectivement le cas des animaux seulement connus par des témoignages, des pièces anatomiques ou des photographies de valeur contestable* ».

Le terme de cryptozoologie a été inventé par le biologiste écossais Ivan T. Sanderson[34]. Il s'agit d'un travail scientifique cherchant — malgré les critiques et le mépris de la science dite « officielle » — des animaux non encore répertoriés.

---

[33] Le **Grand dictionnaire terminologique** (**GDT**), autrefois *Banque de terminologie du Québec* (BTQ), est un dictionnaire terminologique de l'Office québécois de la langue française contenant plus de trois millions de termes français et anglais (ainsi que des termes latins pour la taxonomie et la médecine) dans plus de 200 domaines d'activité. Le GDT peut être consulté gratuitement sur Internet.

[34] Ivan T. Sanderson, *Le Grand Serpent de mer. Le problème zoologique et sa solution. Histoire des bêtes ignorées de la mer*, 1965,Librairie Plon

L'existence de ces créatures, controversée, pourrait néanmoins être enfin établie sur la base de preuves hélas souvent jugées insuffisantes par la communauté des zoologues.

Des témoignages occulaires, films, photos, sons, empreintes, poils, plumes... Pour ce faire, le travail des cryptozoologues consiste également à démonter les innombrables canulars encombrant le chemin menant aux cryptides.

Leurs outils, en plus de leur obstination ? ceux de la zoologie, de la paléontologie, de la paléoanthropologie, de la psychologie, de l'ethnologie, de la mythologie (et l'étude du folklore), voire de la police scientifique !

La cryptozoologie peut-elle rendre compte de l'origine du mythe du dragon en mettant en évidence un phénomène naturel, comme les nuées de criquets pour les serpents volants bibliques, la géologie ou le tellurisme chinois par exemple ?

Un animal réel, comme les lézards arboricoles asiatiques à membrane alaire classifiés comme *draco volans* dès la Renaissance ?

Peut-elle expliquer la création de cette figure mythique par la rencontre d'hommes avec des animaux étranges qui frappèrent leur imaginaire et entrèrent dans l'inconscient collectif, pour traduire nos peurs et nos fantasmes ?

Peut-elle arriver à trouver, quelque part, des animaux encore inconnus de la science officielle, et qui seraient des dragons bien réels dont l'image aurait été détournée par l'imaginaire de hommes ? Prenons quelques exemples de recherches scientifiques portant sur des animaux, soulevant la question épineuse[35] de la survivance de sauriens préhistoriques[36], ou l'existence de reptiles (ou lézards) inconnus et étranges dont la vue aurait stimulé l'imaginaire des populations.

---

[35] Les créationnistes prétendent que la Terre n'aurait que 6000 ans, et sont partisans de la thèse de la coexistence entre les humains et les dinosaures. Tout « indice » d'une survivance d'un animal ancien à travers les âges renforce la chronologie

Le chercheur très décrié Jonathan Whitcomb[37] s'est pour sa part spécialisé dans la quête des fossiles vivants de ptérosaures.

géologique alternative qu'ils ont concoctée. Ils se servent notamment du livre d'Isaïe (Ancien Testament) qui fait mention d'un dragon volant, et voient dans le ptérosaure une entité essentielle de la biodiversité originelle.

[36] D'autres cas de créatures volantes décrites par les témoins comme apparentés à des ptérosaures existent, comme le Batsquatch (EU), le Ahool (Java), le Orang-Bati (Molluques), le Popobawa (Zanzibar)

[37] http://www.livepterosaursinamerica.com/Whitcomb/

LE KONGAMATO

Figure 16 : Kongamato, peinture © JIRKA HOUSKA, Knupp
Gallery, Los Angeles

Cet animal africain est décrit comme doté d'un long bec garni de dents et une peau glabre semblable à du cuir, rouge ou noire selon les témoignages. Il possèderait une queue lui servant de gouvernail quand il vole, et son envergure irait d'un mètre vingt à deux mètres dix.

Il aurait été signalé à un fonctionnaire anglais, Frank Melland[38], en Rhodésie du Nord, l'actuelle Zambie (Afrique).

La tribu des Kaonde lui aurait raconté devoir se protéger des attaques du monstre kongamato par des rituels magiques.

Melland leur aurait montré une gravure représentant un ptérodactyle et ils auraient immédiatement reconnu la créature.

Évidemment, ce cas fait l'objet de controverses parmi les cryptozoologues.

---

[38] Frank Melland, *In witchbound Africa*, 1923 et Bernard Heuvelmans, *Les derniers dragons d'Afrique*

Ptérosaure[39] survivant de la préhistoire pour certains, chauve-souris de grande taille pour d'autres, sa description le rapproche toutefois beaucoup de la figure du dragon telle que nous la connaissons en Occident.

Cette affaire a engendré, en outre, plusieurs canulars avérés comme la célèbre photo de ptérosaure prise par le journaliste Ian Colvin en 1950 dans la vallée du Zambèze inondée.

Les recherches sur le terrain se poursuivent. Trouver un spécimen de kongamato, ce serait avoir devant nous un dinausaure survivant ou un dragon, ce qui, peut-être, à en juger les descriptions faites par les témoins, serait la même chose. Cette remarque reflète la plus importante polémique soulevée par la figure de notre monstre...

---

[39] Les ptesosaures ont disparu à la fin du Cretacé

Figure 17 : Squelette d'un Ptérosaure au North American Museum of Ancien Life (Utah, USA) (c) Zachary Tirrell

Le Kongamato n'est pas un cas isolé, on lui a trouvé des cousins : l'*Olitiau* du Cameroun (pour celui-ci, la balance penche plus pour la chauve-souris géante), et le *Ropen*de Nouvelle-Guinée, une sorte de ptérosaure luisant la nuit.

LE MOKELE-MBEMBE

Une autre créature fait encore de nos jours l'objet de l'attention des cryptozoologue, bien que les témoignages se fassent plus rares depuis les années 1980.

Désigné comme le dernier dragon d'Afrique par Bernard Heuvelmans[40] en 1978, le *mokele-mbembe* serait un sauropode suivant les cours d'eau.

Il serait très territorial et agressif, renversant les pirogues, mais ne serait pas carnivore.

Sa présence est signalée dans la rivière Ngoko, aux confins du Congo, du Cameroun et de la Centrafrique, depuis très longtemps :

« Il doit être monstrueux. Les empreintes de ses griffes que l'on a vues par terre ont laissé des traces d'une circonférence d'environ trois pieds.

---

[40] Bernard Heuvelmans, *Les derniers dragons d'Afrique*, Plon, 1978

En observant chacune des empreintes et leur disposition, ils ont conclu qu'il n'avait pas couru dans cette partie du chemin, malgré la distance de sept ou huit pieds qui séparait chacune des empreintes » nous rapporte l'abbé Lievan Bonaventure Proyarte en 1766[41].

Malgré des traces de pas relevées, aucune preuve tangible n'a été apportée de son existence.

Le *mokele-mbembe,* reptile sans aile, est donc une figure cryptozoologique dont la vue, au fil des siècles, a pu contribuer à accréditer le mythe du dragon en Afrique et en Europe où son existence a été ensuite relatée par les missionnaires.

---

[41] Liévin-Bonaventure Proyart,*Histoire de Loango, Kakongo, et autres royaumes d'Afrique : rédigée d'après les mémoires des préfets apostoliques de la Mission françoise.*, éditeurs C. P. Berton et N. Crapart à Paris et Bruyset-Ponthus à Lyon, 1776 pp. 38-39

Zoologues et ethnologues préfèrent voir en lui l'un des éléments du légendaire pygmée transmis oralement de génération en génération, et non la survivance d'un dinosaure ou une espèce d'hippopotame ou de crocodile.

LE TATZELWURM

Un troisième cas de crypto-dragon mérite toute notre attention dans ce guide : le *Tatzelwurm* ou ver à pattes des Alpes suisses, autrichiennes et bavaroises.

Il s'agirait d'un animal long de 50 à 80 cm environ, au corps très épais ressemblant à celui d'un serpent, à la peau couverte de fines écailles.

Il a une tête plutôt ronde souvent comparé à une tête de chat, et une langue bifide. Il serait doté de deux pattes peu développées sinon atrophiées, près du crâne. On le dit venimeux. Bernard Heuvelmans le place dans la catégorie des reptiles *anguidés* (orvets).

Ces trois exemples de « dragons cryptozoologiques » n'apportent pas grand-chose, tant il semble difficile de retrouver dans ces animaux la majesté terrifiante des dragons mythiques dont nous avons parlé jusqu'ici.

Par ailleurs, l'esprit semble refuser obstinément toute chance de réalité aux survivances de ptérosaures, ces créatures étant finalement, si l'on se réfère aux descriptions faites par les témoins, ce qui ressemble le plus à nos dragons occidentaux.

On tourne en rond, et les cryptozoologues se doivent de continuer à chercher des preuves de leur existence, si existence il y a (ou il y a eu).

Evidemment, il n'est pas dans la mission de cette science de trouver un dragon ou de démontrer que ce monstre mythique s'il en est, est un cryptide.

Mais, quand des témoignages et des indices nous mettent sur la piste d'animaux lui ressemblant, sous l'une ou l'autre des formes que nous lui prêtons, il est important de les chercher. Non en tant que « dragon » pour donner de la réalité à celui-ci, mais en tant qu'espèce animale non répertoriée, qui aurait pu l'inspirer.

En l'absence de toute preuve fossile, il est difficile sinon impossible de répondre à la question de l'existence présente ou passée des créatures classifiées « dragons ».

Celles qui ont été exposées dans les cabinets de curiosités à partir de la Renaissance étaient toutes des reliques mal interprétées (parfois volontairement, pour être vendues comme telles à des collectionneurs crédules).

Pourtant, il y a de toute évidence une concordance « visuelle » entre Draco et certains sauriens préhistoriques, et ces derniers n'ont jamais croisé l'homme. Celui-ci n'a donc pu garder un souvenir d'eux. Certains auraient-ils malgré tout survécu après le Crétacé ?

La polémique fait rage.

Sans aller jusque-là, il faut évoquer le travail de Georges Dumézil. Ce chercheur a effectué un important travail d'étude comparative des textes les plus anciens des mythologies et des religions des peuples indo-européens, mettant en évidence que la plupart de ces récits s'organisent selon des structures narratives semblables et que les mythes exprimés traduisent une conception de la société organisée selon trois fonctions :

- celle du sacré et de la souveraineté

- la fonction guerrière

- la production et la reproduction

Cette organisation tripartite se retrouve aussi bien dans la mythologie, les récits fondateurs comme ceux de la Rome antique, les institutions sociales comme celles du système de castes en Inde, la segmentation de la société d'Ancien Régime en clergé, noblesse et tiers état etc...

Ces similitudes, et la présence d'éléments communs dans des civilisations qui ne se sont jamais rencontrées (comme les Indo-Européens et les civilisations d'Amérique Centrale ou d'Amérique du Sud) soulève des questions importantes, dont celle de figures comme le dragon. Cette réflexion est fascinante, et nous oblige à nous interroger sur les pistes évhéméristes, qui, si elles sont à prendre avec des pincettes, doivent être évoquées ici.

L'évhémérisme[42] est une théorie selon laquelle les dieux sont des personnages réels qui auraient été divinisés après leur mort, leur légende étant simplifiée et embellie par le temps jusqu'à ce qu'il n'en reste qu'une sorte de symbolisme absolu et universel. Il en va de même pour certaines figures mythiques, dont fait partie le dragon.

---

[42] Un courant plus récent, dit « néo-évhémérisme », prétend en plus que les dieux antiques seraient des extraterrestres venus visiter (voire ensemencer) la Terre. C'est la *théorie des anciens astronautes*.

Certaines espèces connues peuvent être assimilées à nos dragons, en raison de leurs particularités morpho-physiologiques ainsi que de la place que leur accorde encore le folklore local. Ainsi, citons le varan, aussi appelé « dragon de Komodo », monstre que l'on trouve sur les îles de Komodo, Rinca, Florès, Gili Motang et Gili Dasami en Indonésie centrale.

LE VARANUS KOMODOENSIS

Ce reptile a été découvert par les occidentaux en 1910, lorsqu'un avion s'est écrasé sur l'île de Komodo (dite « l'île aux dragons »).

En 1912, plusieurs spécimens ont été capturés pour être étudiés. Cette espèce de lézard est la plus grosse du monde, et le mâle peut atteindre 3 mètres de long pour 70kg.

Leur durée de vie est de cinquante ans. Il est doté d'une cuirasse d'écailles ossifiées, de longues griffes acérées et d'une puissante dentition. Armées de soixante dents crénelées, ses mâchoires peuvent s'ouvrir démesurément grâce à une grande flexibilité des os crâniens.

Les crocs recourbées ne laissent aucune chance à la proie. Il peut engloutir en quelques minutes un cerf rusa ou un bœuf, à fortiori un enfant. Son long cou est recouvert d'écailles coniques. Depuis longtemps, on raconte que les varans emmagasineraient dans leur gueule de nombreuses bactéries, en provenance des charognes dont ils se nourrissent souvent.

Leur morsure ne serait donc jamais bénigne et la mort surviendrait au bout de quelques jours, à cause de la gangrène.[43] En réalité, le varan est doté de glandes à venin.

---

[43] Voir l'étude remettant en cause la légende selon laquelle la gueule infectée de bactérie des varans entraînerait la mort aux proies qui sont mordues, par septicémie : http://www.bioone.org/doi/abs/10.1638/2012-0022R.1

Quand il attaque des porcs ou des cerfs, ils se vident de leur sang en moins de 30 minutes par la blessure infligée par cette puissante machoire et les toxines du venin anticoagulant produit par ses glandes à venin. Ce venin fait notamment chuter rapidement et de façon mortelle, la pression artérielle.

Il court, il grimpe, il nage, et il ne vit près de points d'eau. Tous les éléments pouvant faire de lui un cousin du dragon, sinon un congénère, sont réunis.

S'ils n'ont aucun prédateur, les varans sont en voie de disparition car l'homme chasse les mêmes proies que lui et détruit son milieu naturel. Il en reste moins de 6000 (on parle de 5000). L'espèce soit désormais protégée.

LE DRACO VOLANS, DRAGON ARBORICOLE D'ASIE

On trouve en Orient une espèce de lézards ailés bien connue, de petite taille, appelés « dragons volants ».

Il en existe 41 variétés en Asie du Sud-Est, du Sud et de l'Est. Ils appartiennent aux sauriens de la famille des Agamidae.

Ces mini lézards arboricoles planants mesurent une vingtaine de centimètre, et se nourrissent de fourmis et de termites à l'aide de leur langue gluante.

Ils sont dotés d'une paire d'ailes. Ce sont en fait des côtes reliées entre elles par une membrane ornée de motifs de couleurs vives.

Ce sont sans doute des spécimens de ces *draco volans* qui apparurent sur le marché des collectionneurs dès le XVIè s., vendus par des charlatans comme étant des bébés dragons.

On en trouvait aussi de faux, reconstitués à partir de crânes d'ours, de morceaux de raies géantes, ou en ajoutant des ailes de chauve-souris à des lézards desséchés...

Une ou plusieurs découvertes cryptozoologiques suffiraient-elles à donner une réalité au dragon, en tant qu'animal, ou l'esprit humain préfèrera-t-il le garder intouchable, tout puissant, insaisissable, au niveau des mythes, des légendes, du folklore ou du sacré ?

Figure 18 : (Draco volans, spécimen naturalisé) Linné, 1758

QUELQUES ANECDOTES

Les 27 et 28 avril 1669, un dragon amphiptère (serpent ailé) a été vu près de Henham, en Angleterre.

Au Japon, tous les cinquante ans, un grand dragon blanc prend la forme de O-Gon-Cho, un oiseau aux plumes d'or, et annonce des catastrophes épouvantables avec son chant évoquant le hurlement d'un loup. La dernière apparition du dragon O-Gon-Cho remonte à avril 1834, juste avant une grande épidémie.

Il existe un poisson monstrueux, appelé « poisson-licorne ». Il peut mesurer jusqu'à 18 mètres. Il est muni de nageoires rouge sang, et d'une crête dorsale proéminente se terminant en pointes sur la tête. Il ressemble étrangement au dragon-serpent du mythe de Persée.

Lindorms (serpent) et Wyvernes sont des demi-dragons. Les Wyvernes ont deux pattes et des ailes. Léonard de Vinci en a peint, et on en voit notamment dans le *Liber Floridus*, un manuscrit flamand de 1448.

En 1673, le père jésuite Jacques Marquette a découvert des gravures rupestres sur une falaise de l'Illinois. Il s'agit du dragon-oiseau nommé Piasa : « l'oiseau qui mange les humains ». En 1856, la falaise s'écroula dans le Mississippi, détruisant le dernier témoignage évoquant ce mythe local. Heureusement, le père Marquette, deux siècles plutôt, avait collecté son histoire auprès des indiens illinis, et tenté de recopier les gravures.

En 1954, des paysans siciliens auraient vu leur cochon se faire dévorer par un dragon à tête de chat. Cette étrange créature rappelle le « tatzelworm », le serpent à tête de chat, bien connu en Bavière et Suisse. Un spécimen aurait aussi été aperçu en 1921 à Hochfilzen, en Autriche.

Toujours en Sicile, en 1934, des fermiers furent terrorisés par un monstre qu'ils décrivirent comme un serpent gigantesque évoquant un dinosaure.

BIBLIOGRAPHIE

ETUDES :

DICTIONNAIRE DES SYMBOLES :

Mythes, rêves, coutumes, gestes, formes, figures, couleurs, nombres.

Sous la direction de Jean Chevalier, Alain Gheerbrant.Édition revue et augmentée. Paris : Laffont : Jupiter, 2000. 1060p.(Bouquins)

DRAGONS, LICORNES ET AUTRES CHIMERES : les contes du monde entier

Textes présentés par Dominique Besançon et Sylvie Ferdinand. Rennes : Terre de brume, 2004. 247p.

DRAGONS : entre sciences et fictions

Sous la direction de Jean-Marie Privat, (actes du colloque international de l'Université Paul Verlaine- Metz, 15-16 septembre 2005). Paris : CNRS Editions, 2006

ABSALON, Patrick, CANARD, Frédérik,

Les dragons. Des monstres au pays des hommes

Paris : Gallimard, 2006 (Découvertes).

BEGUIN Gilles, MOREL, Dominique.

La Cité interdite des Fils du Ciel

Paris : Gallimard, 1996. 144 p. (Découvertes).

BENTON, Michaël

Le règne des reptiles. Paris : Edimages, 1990. 144p.

BOTTET, Béatrice, Encyclopédie du fantastique et de l'étrange. T. 1 : Fées et dragons, Paris : Casterman, 2003. 95 p.

BRASEY, Edouard, Géants et Dragons. L'Univers féerique. Paris: Pygmalion, 2000. 155 p.

CAZEILS, Nelson,

Monstres marins. Rennes : Éd. Ouest-France, 1998. 125 p.

CYRULNIK, Boris, MATIGNON, Karine Lou, FOUGEA, Frédéric, La fabuleuse aventure des hommes et des animaux, Editions du Chêne-Hachette-Livre, 2001, 177 p.

DARCHEVILLE, Patrick, Du dragon à la licorne. Paris: G.Tredaniel, 1994. 276 p.

DELACAMPAGNE, Ariane, et Christian, Animaux étranges et fabuleux : un bestiaire fantastique dans l'art, Paris : Citadelles & Mazenod, 2003. 199 p.

DOBELL, Steve, Dragons, Heroes and legendary beasts in poems, prose and paintings, London : Southwater, 2004.

DREGE, Jean-Pierre, Marco Polo et la route de la Soie, Paris, Gallimard, 1999. 192p. (Découvertes)

ELLIS, Richard, Sea dragons : predators of the prehistoric oceans, Lawrence, Kan. : University Press of Kansas, c2003. - XII-313p.

GUEUSQUIN, Marie-France, Le mois des dragons. Paris : Berger-Levrault, 1981, 135 p.

GUIRAND, Félix, SCHMIDT, Joël, Mythes, mythologie (Histoire et dictionnaire). Paris : Larousse, 1996. 888 p.

HEUVELMANS, Bernard, Les derniers dragons d'Afrique : Bêtes ignorées du Monde. Paris : Plon, 1978. 507 p.

LAFFON, Caroline et Martine, Les monstres. L'imaginaire de la peur à travers les cultures. Paris : La Martinière, 2004. 215p.

LEHNER, Ernst and Johanna, Big book of dragons, monsters, and other mythical creatures, Mineola (N-Y): Dover publications, Inc., 2004. 192 p

MICHARD, Jean-Guy, Le monde perdu des dinosaures, Paris, Gallimard, 1997. 183p.(Découvertes)

NITSCHELM, Christian, et al., L'ABCdaire du Ciel, Paris : Flammarion, 1998. 119 p.

OVIDE, Les métamorphoses, trad. de Joseph Chamonard. Paris: Flammarion, 2000. 127 p. (Etonnants Classiques ; 2092)

PRIVAT, Jean-Marie (dir.), Dans la gueule du dragon : histoire, ethnologie, littérature Sarreguemines : Pierron, 2000. 290 p.

RINKENBACH, Iris, HODAPP Bran O, Le grand livre des dragons, Paris : Ed. Vega, 2003. 248 p.

RONECKER, Jean-Paul, Le symbolisme animal : mythes, croyances, légendes, archétypes, folklore, imaginaire... Paris : Dangles, 1994. 355 p. (Collection Horizons ésotériques)

ROSE Carol, Giants, monsters and dragons: an encyclopaedia of folklore, legend and myth, Londres : ABC Clio, 2000. Paris : Taschen, 2006. 120 p.

IMAGI-MER : créations fantastiques, créations mythiques, Colloque Imagi-mer organisé par le CETMA et le CNRS du 15-16 mai 1997 au Muséum national d'histoire naturelle. Paris, Edition sous la direction d'Arlette Geistdoerfer, Jacques Ivanoff, Isabelle Leblic et du CETMA, 2002. 418 p. (Kétos /Anthropologie maritime)

ROLE DES TRADITIONS POPULAIRES DANS LA CONSTRUCTION DE L'EUROPE : Saints et dragons, Actes du colloque organisé les 23, 24 et 25 mai 1996 à l'Université de Mons-Hainaut. Mons : CIEPHUM, 1997, XV-449 p.

SERPENTS ET DRAGONS EN EURASIE. Paris: l'Harmattan, 1997. 281 p. BALTRUSAITIS, Jurgis

BEAUNE, Jean-Claude (dir.), La vie et la mort des monstres. Seyssel : Champ Vallon, 2004. 254 p.

DIDI-HUBERMAN, Georges, GARBETTA, Ricardo, MORGAINE, Manuela, Saint Georges et le dragon : versions d'une légende, Paris : Adam Biro, 1994. 167p.

DIENY, Jean-Pierre, Le Symbolisme du dragon dans la Chine antique, Paris, Collège de France, Institut des Hautes Études chinoises, 1987, 277 p. (Bibliothèque de l'Institut des Hautes Études chinoises, XXVII).

DUMONT, Louis, La Tarasque: essai de description d'un fait local d'un point de vue ethnographique, Nouv. éd. augm. - Paris : Gallimard, 1987. 258 p. (Bibliothèque des sciences humaines).

LI XIAOHONG, Céleste dragon : genèse de l'iconographie du dragon chinois, Paris : Youfeng, 2000, 493 p.Texte remanié de la thèse en histoire de l'art soutenue en 1999 sous le titre : « Le dragon dans la Chine antique ».

MEURGER, Michel, Histoire naturelle des Dragons. Un animal problématique sous l'œil de la science, Edition révisée et augmentée, Rennes : Terre de Brume, 2006. 243 p.

RIBEMONT, Bernard, VILCOT, Carine, Caractères et métamorphoses du dragon des origines : du méchant au gentil, Paris : H. Champion, 2004, 250 p. (Essais sur le Moyen âge)

WALTER, Philippe, Merlin ou le savoir du monde, Paris, Imago, 2000, 200 p. 208 p.

Arthur, l'ours et le roi. Essai sur les origines mythiques de la matière de Bretagne, Paris, Imago, 2002. 240p.

Mythologie chrétienne : fêtes, rites et mythes du Moyen Age, 2ème éd., Imago, 2003. 232 p.

AUBIN, Isaline, « Sous le signe du dragon», National Géographic-France, n°79, avril 2006. 11 p.

GROVES, Paul, « Les dragons de mer », Pour la science n° 256, 02 / 1999, p.68-73.

LE RIDER, Paule, « Lions et dragons dans la littérature, de Pierre Damien à Chrétien de Troyes », Moyen Age, vol. 104, n° 1, 1998, p. 9-52.

LEWIS, T. J, « CT 13.33.34 and Ezekiel 32 : Lion-Dragons myths », Journal of the American Oriental Society, vol. 116, n° 1, 1996, p. 28-47.

LIONNET Marie, « La Vie de saint Clément, témoin de l'enluminure messine de la fin du XIVe siècle », Cahiers Elie Fleur, n° 20, 2000, p. 27-61.

PASTRE J.-M., DUBOST, F, « Mythes et folklores : la naissance fantastique du tueur de dragons », Revue des langues romanes, vol. 100, n° 2, 1996, p. 37-61.

PIETTE Albert, L'Ethnographie, vol. 84, n° 102, 1998, p. 45-63. « Dragon légendaire et mise en scène rituelle. Essai de description et d'interprétation du combat de saint Georges et du dragon à Mons »

SHELACH, Gideon, « The dragon ascends to heaven, the dragon dives into the abyss : creation of the chinese dragon symbol », Oriental art, vol. 47, n°3, 2001, p. 29-40.

VAX, Louis, « Le dragon, bête nocturne dans la littérature orale», Le Portique, Numéro 9 - 2002 - La Nuit , [En ligne], mis en ligne le 8 mars 2005.,

http://leportique.revues.org/document171.html

BESTIAIRE DU MOYEN AGE : les animaux dans les manuscrits

Exposition présentée à Troyes, Médiathèque de l'agglomération troyenne, du 19 juin au 19 septembre 2004, organisée en collab. avec la Bibliothèque nationale de France, sous la dir. de Marie-Hélène

Tesnière et Thierry Delcourt. Paris: Somogy, 2004, 103 p.

DER DRACHE : eine Legende erwacht

Exposition présentée au château de Trautenfels (Autriche) en 2002. Gerd Kaminski ; Claudia Peschel-Wacha. [Red. u. Lektorat: Wolfgang Otte ...] . Trautenfels : Landschaftsmuseum im Schloß Trautenfels , 2002 . 108p. (Kleine Schriften des Landschaftsmuseums im Schloss Trautenfels am Steiermärkischen Landesmuseum Joanneum ; 28)

DRAGONS, Exposition présentée à Manderen, au château de Malbrouck, du 16 avril au 31 octobre 2005, organisée par le Conseil général de la Moselle et le Muséum national d'histoire naturelle album de l'exposition sous la direction de Philippe Hoch, Patrick Absalon. Metz : Éd. Serpenoise, impr. 2005. 85 p.

FEES, ELFES, DRAGONS & autres créatures des royaumes de féerie, Exposition présentée à l'abbaye de Daoulas du 7 décembre 2002 au 9 mars 2003, album de l'exposition sous la dir. de Claudine Glot et Michel Le Bris., Paris : Hoëbeke, 2002. 222 p.

GEANTS ET DRAGONS : Mythes et traditions à Bruxelles, en Wallonie, dans le nord de la France et en Europe, Exposition «Géants contre dragons en Wallonie et à Bruxelles » présentée au musée de l'Homme en 1996, Sous la dir. de Jean-Pierre Ducastelle, et al., Tournai : Casterman, 1996.155 p. (Les beaux livres du patrimoine)

LA VOIX DU DRAGON : trésors archéologiques et art campanaire de la Chine ancienne, Exposition présentée à la Cité de la musique du 21 novembre 2000 au 25 février 2001. Sous la direction de Lucie Rault. Paris : Musée de la Musique, Cité de la musique, 2000.

ARTICLES :

LASCAR, Olivier, « Dans l'antre du dragon!», Science et Vie junior, n°199, avril 2006, p. 40-47.

LOPEZ, Jean, « L'empire des dragons », Science et Vie junior–Dossier Hors Série, n°41, juillet 2000, p. 16-23.

LOVER, Eric, «Visites à monstres park », Science et Vie junior–Dossier Hors Série, n°41, juillet 2000, p. 58-73.

NIGITA, Romain,« Les dragons existent-ils? », Science et Vie-Découvertes, n°88, avril 2006, p.20-27.

ROUCAUTE, Nuria, « Le mythe de Quetzalcoatl parmi les indiens de l'ancien Mexique » BT n°1090, sept.1997, p. 36-41.

FICTIONS

(la liste est si longue qu'on ne peut que donner quelques pistes et citer les cycles essentiels. Les références sont faciles à trouver sur internet...)

ANGE, La geste des chevaliers-dragons (cycle)

Anonymes, Chanson des Nibelungen

ANTHONY P., Xanth (t.9 : un golem dans le potage)

APOLLONIOS DE RHODES, Argonautiques

BENEDEK E., Contes hongrois

BLACK'MOR E., Sur la piste des dragons oubliés : l'intégrale

BRADBURY R., Le dragon

BRUSSOLO S., Le dragon du roi squelette

BUNCH C., Dragon master (cycle)

CALLAHAN C., Dragonfury (cycle)

CARTER L., Thongor et la cité des dragons (cycle de Thongor)

CASSABOIS J., Dix contes de dragons (tour du monde en draconologie)

CHRETIEN DE TROYES, Yvain ou le chevalier au lion

DEAS S., les roi-dragons (cycle)

DEAS S., Les rois-dragons (cycle)

DEBATS J-A., L'envol du dragon

DELANY S., Babel 17

DUCLOS D., Le cycle de l'ancien futur

ENDE M., L'histoire sans fin

FFORDE J., Moi, Jennifer Strange (t1) : dernière tueuse de dragons

GOODKIND T., L'épée de vérité (cycle)

GOODMAN A., Eon et le douzième dragon

GORDON G.R., Le Dragon et le Georges

GRIMM J. et W., Les deux frères

GUDULE, Pauvres dragons

GUNNARSSON T., Le mage dragon de Mystara (cycle)

HAMBLY B., Fendragon

HERBEAU H., La dynastie des dragons (cycle)

HOBB R., L'assassin royal (cycle)

HOBB R., Les aventuriers de la mer (cycle)

HOBB R., Les cités des anciens (cycle)

HOWARD R.E., L'heure du dragon (Conan, cycle)

JEURY M., Poney-dragon (escale en utopie)

JORDAN S., Le dernier dragon

JORDAN S., Lueur de feu (cycle)

KING W., Gotrek et Felix (t.4) : tueur de dragons

KNAAK R.A., La légende de Huma

KNIGHT E.E., L'Âge de feu (cycle)

La Bible, psaumes (7, 14 et 104,26) ; Isaïe (27,1), le livre de Job (3, 8 ; 0,25 et 41,1) et Saint-Jean, l'Apocalypse, 2e section de la partie prophétique, « la Dame et le dragon » 12, 3-6 ; 7-9, 13-18)

LEGUIN U., Terremer (cycle)

LEM S., Conte de la machine à calculer qui combattit le dragon (nouvelle)

LIU M-M., Dirk & Steel (t.3 : la malédiction du cœur de jade)

MALAGOLI A., Les dragons étoilés

MARTIN GEORGE R.R., Dragon de glace

MAUMEJEAN X., L'ère du dragon (Kraven)

McCaffrey A., L'aube des dragons

McCaffrey A., Le cycle de Pern

McKINLEY R., Dragonhaven

MITRIC N., Sept dragons

MOORCOCK M., Le dragon de l'épée (cycle d'Erekosë)

NOVIK N., Téméraire (cycle)

PANIER-ALIX C., La Chronique Insulaire (cycle) : l'Echiquier d'Einär (nouveau titre : Dragons !), La Clef des Mondes, Le Roi Repenti

PANIER-ALIX C., Les songes de Tulà

PEVEL P., Les lames du cardinal (cycle)

QUESNE D., La voix des dragons

ROBSON M., L'œil du dragon (cycle)

ROWLING J.K., Harry Potter et la coupe de feu

SILVERBERG R., 2543 A.U.C. : se familiariser avec le dragon (nouvelle)

SPINRAD N., La dernière croisière du dragon-zéphyr

STACKPOLE M. A., La guerre de la couronne (cycle)

STACKPOLE M.A., La guerre de la couronne (cycle)

STINE R. L., Mort de peur (tome 66)

STURLUSON S., L'Edda

TIREL E., L'Elfe de lune (cycle)

TOLKIEN J.R.R., Les enfants de Hurin

TOLKIEN J.R.R., Roverandom

TOLLUM J., Les tribulations d'un Nâga : chaque choix a ses conséquences

TROISI L., Chroniques du monde émergé

VALERIUS FLACCUS, Argonautiques

VANCE J., Les maîtres des dragons

VERNES H., Le dragon des Fenstone (Bob Morane, intégrale tome 8)

WATT-EVANS L., Les chroniques d'obsidienne (cycle)

WEIS M., Légendes de Dragonlance (cycle)

WIETZEL E., Les dragons de la cité rouge

WILLIAMS T., L'arcane des épées (cycle)

WILLIAMS T., Le trône du dragon

ROMANS « JEUNESSE »

Histoires de monstres et Dragons, Toulouse, Milan jeunesse (Mille et un contes), 2003.

ABSALON, Patrick, Les dessous du dragon, Illustrations de Charles Dutertre, Vincent Boyer et Julien, Norwood, Paris : Tourbillon / Editions du Muséum, 2005

BAKER, Carolyn, Dragonella, L'école des loisirs, 2001. (Pastel).

CHABOT, Jean-Philippe, Gontran le dragon, Toulouse, Milan, 2000.

CHEN, JIANG HONG, Dragon de feu, L'école des loisirs, 2000 (Archimède).

ENGLEBERT, Jean-Luc, Le château du petit prince, L'école des loisirs, 2003. (Pastel).

HALL, Willis, Sauvons les dragons ! Flammarion, 1999, 235 p. (Castor poche)

JONAS, Anne, JADOUL, Emile., Prince & Dragon, L'école des loisirs, 2003 (Pastel).

JOSSEN, Pénélope, Le dragon de la princesse Tagada, L'école des loisirs, 2004 (Albums)

KENT, Jack, Les dragons ça n'existe pas, Namur (Belgique) : Mijade, 2006

LEMIRRE, Élisabeth et LA ROCHEFOUCAULD, Valérie (de), Le pays des dragons, [ill. par Chen Jiang Hong], Mas-de-Vert : Picquier jeunesse, 2005. 90 p. (Les contes du mandarin).

NEVE, Andrea, ENGLEBERT, Jean-Luc, La chasse au Dragon, L'école des loisirs, 1998 (Pastel).

PANIER-ALIX, Claire, Les songes de Tulà, Fleurus Mango, « Royaumes Perdus », 2008

PAOLINI, Christopher, L'héritage, t.1 : Eragon., Bayard jeunesse, 2004. 694 p.

L'héritage, t. 2 : L'aîné, Bayard jeunesse, 2006.

PRIMAVERA, Elise,Mon Dragon à moi, Toulouse, Milan, 1999.

ROWLING, Joanne Kathleen, Harry Potter à l'école des sorciers,t.1, Paris : Gallimard jeunesse, (?1998) rééd.poche 2003. 306 p. (Folio junior ; 899). Chap. 14., Harry Potter et la coupe de feu, t.4, Paris: Gallimard-Jeunesse, (? 2001) rééd. poche 2003. 768 p. (Folio junior ; 1173).

SABATIER, Alexia, Sous l'oeil du dragon, Illustrations de Xavier Besse, Paris, Réunion des musées nationaux, 2005.

SOPHIE, Rouge sorcière, L'école des loisirs, 1997 (Pastel).

STROSBERG, Serge, Au royaume des dragons, L'Ecole des loisirs, 1999, 45 p.

TOLKIEN John Ronald Reuel, Bilbo le Hobbit, trad. de l'anglais par Francis Ledoux, Paris: Librairie générale française, 2003. - 312 p. (Le Livre de poche; 6615).

WREDE, Patricia C., Besnier Yves (ill.), Cendorine et les Dragons, Paris : Bayard, 2004. 238 p.

BANDES DESSINEES :

BOISCOMMUN, Olivier (Dessin), SFAR, Joann (Scénario), Série Troll, (3 tomes parus) Troll. 2 : le dragon du donjon. Paris, Delcourt, 1998.

LERECULEY, Jérôme (Dessin), CHAUVEL, David (Scénario), Arthur une épopée celtique. t.7. Peredur le naïf – édition spéciale., Paris, Delcourt, 2004.

BOTTERO P., *L'Autre* ; le tome 1, « Le souffle de la hyène » propose une description de la Chose. PERRO B., *Amos Daragon Porteur de marques* ; les tomes 1 et 2 sont intéressants ; il y est question du basilic et de la sirène.

TARQUIN, Didier (Dessin), ARLESTON, Christophe (Scénario)

Série Lanfeust de Troy,(8 tomes parus) t. 7: Les pétaures se cachent pour mourir. Toulouse, Soleil Productions, 1999.

VARANDA, Alberto (Dessin), ANGE (Scénario),La geste des chevaliers dragons, t.1 : Jaïna. Toulouse, Soleil Productions, 2003.

BRIONES, Philippe (Dessin), ANGE (Scénario), La geste des chevaliers dragons, t.2 : Akanah. Toulouse, Soleil Productions, 2003.

GUINEBAUD, Sylvain (Dessin), ANGE (Scénario), La geste des chevaliers dragons, t. 3 : Le pays de non-vie., Toulouse, Soleil Productions, 2004

FILMS (et TV) :

La Belle au bois dormant (Sleeping Beauty), 1959

Réalisateur : Clyde Geronimi Etats-Unis : 1959, 1h 15 mn Hist. orig. : Charles Perrault Producteur : Ken Peterson

Production : Walt Disney Pictures
Scénaristes : Milt Banta et Winston Hibler

Musique : Tchaïkovsky, Toma Adair et George Bruns

Cœur de dragon (Dragonheart), 1996

Cœur de dragon (2) : un nouveau départ (Dragonheart : a new beginning),2000

Donjons et dragons (Dungeons & Dragons), 2000

Dragons, Dragons 2 (How To Train Your Dragon, 2010)-(How To Train Your Dragon 2, 2014)

Excalibur (1981)

Le dragon du lac de feu (Dragonslayer),1981

Eragon, 2005

Game of Throne, série tv d'après la série de romans de GRR Martin, HBO, 1ère diffusion 2011

Godzilla, 1954

Harry Potter à l'école des sorciers, 2001

Harry Potter et la coupe de feu, 2005

L'histoire sans fin (The Neverending story), 1984

Hugo et le dragon, 2002

Jason et les Argonautes, 1963

Lancelot du Lac,1974

Merlin l'enchanteur, 1963

Mulan, 1998

Die Nibelungen, Fritz Lang, 1924

Première apparition d'un dragon à l'écran

Moi, Arthur, 12 ans, chasseur de dragons (2010)

Peter et Elliott le dragon (Pete's dragon), 1977

Princes et Princesses, 1998

Rodan (Sora No Daikaiaju Radon), 1956

Rendez-vous avec la peur (Night of the Demon), 1957

Le Règne du feu (Reign of fire), 2002

Shrek, 2001

Le voyage de Chihiro, 2001

Les chroniques du dragon (2008,TV

La Prophétie du sorcier (*Legend of Earthsea*), téléfilm, 2004 (Terremer)

Les Contes de Terremer (*Gedo Senki*), 2006

TABLE DES ILLUSTRATIONS

INDEX

Cadmos, 68

Cadmus, 48

Cameroun, 108, 109

canular, 102

Cassiopée, 71

cavernes, 13

cavernicole, 42

centaure, 18

Centrafrique, 109

Céphée, 71

Ceto, 69

chaos, 22

chat, 9

chauve-souris, 14

chien Orthos, 74

Chimère, 73

Chimère d'Arretium, 74

Chine, 10

chrétien, 30

christianisme, 87

Christianisme, 55

chtonien, 21

Ciel, 29

N'hésitez pas à rejoindre l'auteur sur sa page Facebook :

https://www.facebook.com/clairepanieralixofficiel/

ou sur son site :

https://claire-panier-alix-officiel.webnode.fr/

Imprimé par KDP/Amazon Create Space

Dépôt légal Février 2019

Réédition revue et illustrée, de l'ouvrage paru en 2018 aux éditions Ikor, coll. « C'est si simple ». La version numérique Kindle sera périodiquement augmentée.